Hundeerziehung

mit

Spiel und Spaß

Karl-Heinz Preuße

Widmung an meine Frau

Stellvertretend für alle Hundeführer möchte ich mich hier für die liebevollen Zuwendungen, die ich und meine Hunde in all den Jahren von meiner Frau erhalten haben, meinen Dank aussprechen.

Liebe Agnes!

Für die Zeit mit Dir und dem Zusammensein,
möchte ich Dir hiermit danken.

Mit einem schönen Blumenstrauß möchte ich dieses Buch Dir überreichen

Dein Karl-Heinz

Impressum

Herausgeber und Vertrieb:	Agnes Preuße,	49577 Ankum Tiefer Weg 22 Tel.+Fax 05462/591
Vorwort:	Karl-Heinz Preuße sen.,	Ankum
Mitarbeit bei der Veröffentlichung:	Marianne Preuße-Böttcher, Heinz von der Wall,	Kronshagen Ankum
Farbfotos und Strichzeichnungen:	Karl-Heinz Preuße sen.,	Ankum
Umschlaggestaltung:	Druckerei Pfotenhauer unter Verwendung von 2 Fotos von Karl-Heinz Preuße sen.	Ankum
Gesamtherstellung:	Druckerei Pfotenhauer, Im Walsumer Esch, 49577 Ankum	

Printed in Germany 1997, ISBN 3-00-001831-X

Gott schuf die Welt

so groß und weit -

Voll Licht und voller Einsamkeit-

und tat damit seinen Willen kund,

daß nicht jeder Lumpenhund,

der die Erde so reichlich gesegnet,

dem ehrlichen Hundefreund und

Jäger da draußen begegnet.

Inhaltsverzeichnis

(In diesem Inhaltsverzeichnis sind gelegentlich statt derÜberschriften auch Stichworte aus dem Text verwandt)

Der Autor möchte sich bei den Personen und Firmen bedanken, die dazu beigetragen haben, daß dieses Buch erscheinen konnte.

Weitere Sponsoren-Anzeigen auf den Seiten 173 und 174

Der Autor

Vorwort

So viele Bücher auf dem Deutschen Büchermarkt!
Warum also schon wieder ein neues Buch ?

1. **Seit 50 Jahren gebe ich Hundeführerkurse.**
2. **Es gibt viele neue Vorschriften und Änderungen der Tierschutzgesetze.**
3. **Aus den Gesprächen mit vielen interessierten Hundeführern aus den vergangenen Hundeführer-Lehrgangsgruppen entstand die Idee, für die Hundeführer und Ausbilder dieses Begleitbuch zu schreiben.**

Ein Anliegen dieses Begleitbuches ist es, Anleitung und Hilfe zum Hundeführerlehrgang zu sein und dabei dem Hundeführer, sowie auch dem/der Lehrgangsleiter/in eine kontinuierliche stufenweise Stütze zu geben. Ich stelle mir den Lehrgang wie eine hohe Treppe vor. Man muß stufenweise vorangehen, immer höher bis zum Ziel. Später kann man schon einmal Dinge vergessen. Es ist dann schön, in einem Buch nachschlagen zu können, welches wichtige Informationen und Tips zusammenfaßt.

Der Hund lernt sehr schwer;

deshalb ist es wichtig, die jeweilige Stufe nicht zu hoch anzusetzen und, wenn erforderlich, sofort eine Stufe zurückzuschalten. Jede erreichte Stufe muß für Führer und Hund ein Erfolg sein. Auch ein Teilerfolg ist schon ein Erfolg.

Jedoch: Ohne Fleiß kein Preis

Gleichwohl muß die Arbeit mit dem Hund mit *„Spiel und Spaß"* erfolgen. Die Erziehung des Hundes in der **Gruppenausbildung** fordert von Hundeführer und Hund höchste Konzentration. Der Hund sieht auf dem Übungsgelände andere Hunde und wird dadurch stark abgelenkt. Je größer die Ausbildungsgruppe in den Gehorsamsfächern ist, um so größer ist die Ablenkung für den Hund. Der Vorteil liegt auf der Hand: der Führer kann des öfteren auf seinen Hund einwirken, mit den Worten *„Brav!" = angenehm, „Pfui!" = unangenehm.*
Die Hunde verstehen unsere Wortlaute nicht, sondern nur die Tonfrequenz, die in unserer Sprache liegt. Diese Tonfrequenz ist für den Hund wie ein Fingerabdruck und wird vom Hund genau erkannt und unterschieden. Daher klingt das Wort „Platz!" für den Hund vom Ausbilder anders als vom Käufer. *Deshalb ist es sehr wichtig, den eigenen Hund auch selbst auszubilden.*
Bei der *Gruppenausbildung*, mit Hund und Führer, entstehen ein gesunder Ehrgeiz und auch Freundschaften, die zum Erfolg der gesamten Gruppenausbildung führen. Jeder Hundeführer wird vom anderen Hundeführer motiviert, die Ausbildung mit seinem Hund gut und ordentlich zu machen. Dank der guten Gruppenausbildung wird er das gesteckte Ziel, die anstehende Prüfung zu bestehen, auch erreichen.

1. Die neue Hundeerziehung, mit „Spiel und Spaß“, steht unter besonderer Berücksichtigung der viel sensibler gewordenen Bevölkerung. Im Vordergrund stehen hierbei erstmals in diesem Jahr die neuen Tierschutzgesetze, die unbedingt eingehalten werden müssen.
2. Die Naturschutzgesetze, die der Landschaft dienen und sie auch erhalten, müssen ebenfalls eingehalten werden. Hierzu sind alle Ausbildungsmittel zu benutzen, die nach 1. und 2. erlaubt sind.
Besonders zu empfehlen ist die in diesem Buch beschriebene **Reizangel,** die der Hund, als genetisch vorprogrammierter *Beutejäger,* besonders liebt und die gleichzeitig zusätzlich seine körperliche Kondition fördert.
3. Hier kommen die neuen Erkenntnisse, die ich in Gruppen-Führer-Lehrgängen in den letzten 16 Jahren als Lehrgangsleiter gewonnen habe, zum Tragen. So wurden von mir in dieser Zeit 630 Hundeführer in den Gruppenlehrgängen mit Erfolg ausgebildet. Es kommt jetzt des öfteren vor, daß der eine oder andere Hundeführer das zweite oder dritte Mal einen neuen Lehrgang besucht. Einmal, um einen neuen Hund auszubilden, oder das andere Mal, um durch eine Wiederholung des Lehrganges die erreichte Ausbildung zu festigen und gewonnene Freundschaften zu binden.
4. In 50 Jahren als Ausbilder und in 22 Jahren als Verbandsrichter habe ich Erfahrungen gesammelt, die ich mit diesem Buch gerne weitergeben möchte.
5. Weiteres Wissen habe ich mir durch die im Buch veröffentlichen Literaturhinweise gebildet.
6. Mit dem Ausdruck Hundeführer sind natürlich auch die Damen Hundeführerinnen gemeint.

Ankum, im Juni 1997

1.0 Der Allzweckhund und Alleskönner

Was muß der Hundeführer wissen ?

Jeder Hundeführer muß seinen Hund selbst erziehen und ausbilden. Aber nicht nur die Hunde, sondern auch die Führer müssen sich weiter ausbilden: über Zeitschriften, Bücher, Videos und Filmmaterial sowie in Seminaren. In den Kreisjägerschaften sowie in Rassehundevereinen werden Tages- und Abendkurse angeboten. Viele Hundeführer kriegen einfach nicht den Dreh, mit der Ausbildung zu beginnen. Sie versprechen sich immer wieder: morgen fange ich an. In einem Lehrgang werden die Hunde auf alle Prüfungen vorbereitet.

Der Allzweckhund

Der kleine Welpe braucht jemanden, dem er vertrauen kann. Je jünger ein Hund ist (acht bis zehn Wochen), desto eher kann man mit der Erziehung spielerisch beginnen. Je früher, desto besser können Charakter und die Entwicklung des Welpen beeinflußt sowie die angewölften* Eigenschaften erkannt und gefördert werden. Fast alle Hunde sind gescheit, treu und tapfer. Sie dienen ihrem Herrn oder ihrer Herrin, den Kindern sowie der ganzen Familie für alle Aufgaben als Nutzhunde: als Jagdhunde, Wachhunde, Hütehunde, Blindenhunde, Suchhunde, Polizeihunde, Haushunde, Kinderbetreuer, usw. Jede Rasse, auch Mischlinge, können diese Aufgabe erfüllen.
Allzweckhunde sind hochintelligent, vielseitig und anpassungsfähig. Sie sind empfindsam und aufmerksam und haben ein ausgeprägtes Gefühl dafür, ob ihre Besitzer recht

*angeboren

oder unrecht handeln. Fast alle Hunde haben starke telepathische Fähigkeiten. Sie vermögen die Gedanken und Empfindungen der Menschen zu erkennen. Sie erfühlen unsere Stimmungen und Launen in einer Weise, die manchmal gerade zu unheimlich erscheint. Mit viel Lob und Beifall können Sie Ihrem Hund fast alles beibringen.

Erziehung

Wer einen Hund als Gefährten hält, hat die Pflicht, ihm bei der Ausbildung seines Wesens und Charakters zu helfen. Ein gut veranlagter Hund braucht nun einmal den Menschen. Ein gut erzogener Hund ist den Mitmenschen eine Freude. Ein ungezogener Hund fällt vielen Personen zur Last. Versagt der Hundeführer seinem Partner den persönlichen Kontakt, kommt es leicht zu Fehlentwicklungen. Der Hund trauert, er scheint bedrückt: es können Allergien auftreten. Falsche Erziehung führt fast immer zu Agressivitätsverhalten oder Angstbeißern.
Geizen Sie nicht mit Lob, wenn er etwas gut gemacht hat! Aber seien Sie immer konsequent! Geben Sie niemals einen Befehl, der doch nicht befolgt wird. Merke: Ein Hund kann das, was ihm „Spaß“ macht, und tut, was **er** will.

Der Alleskönner

Ein intelligenter Hund, der sich langweilt, wird oft ein ungezogener Hund. Hunde haben nämlich wie Menschen die Fähigkeit, ein Leben lang zu lernen. Viele Generationen hindurch sind die Hunde sorgfältig von unseren Vorfahren auf bestimmte Eigenschaften gezüchtet worden, wie Führigkeit, Gehorsam, Temperament, Intelligenz, eine feine Nase, Stöbern und sanftes Apportieren, Wild finden und dem Wild auf Entfernung vorstehen. Wenn wir die Intelligenz des Hundes nicht fördern, wird er sich Beschäftigungen suchen, die uns nicht recht sind, z. B. Schuhe zerkauen und verschleppen, stundenlanges Bellen oder Heulen u. s. w. Immer mehr werden Allzweckhunde in allen Ländern gefragt. Nichts kann für einen Führer schöner und befriedigender sein, als mit einem intelligenten, wesensfesten und willigen Hund, den man selbst erzogen hat, den Charakter geprägt, seine guten Eigenschaften gefördert, sowie die ganze Entwicklung des Hundes beeinflußt hat, zu arbeiten. Das Markieren und Vorstehen vor Wild entspringt einem angewölften Instinkt: der Hund erstarrt sofort, wenn er jagdbares Wild wittert. Jeder Jäger kann diese Eigenschaft mit der Reizangel weiter fördern und ausbilden und damit seine Vorstehleistung wesentlich verbessern. Ein Gebrauchshund muß vor Experten eine Reihe von Prüfungen ablegen: solche für Wach- und Blinden-, sowie Hüte- und Jagdhunde. Von letzteren werden Jugendsuche, Herbstzuchtprüfung, Verbandsprüfungen (VGP) an zwei Tagen, Jagdgebrauchsprüfung, Bringtreueprüfung und viele andere Prüfungen verlangt. Die Vorbereitung zu den Prüfungen beginnen bereits mit dem Tage, an dem man den Hund gekauft hat.

Die Stubenerziehung

Zuerst muß der Welpe seinen Platz kennenlernen und sich bei Ihnen wohlfühlen. Erst dann können Sie mit der einfachen Zimmerausbildung beginnen, d.h. der Hund lernt zuerst die Kommandos „Sitz!“ und „Platz!“ kennen. Weiter lernt der Hund/Welpe, den Führer nicht mehr anzuspringen. Anspringen kann sehr unangenehm sein, wenn man eine gute Bekleidung trägt, die der Hund dann nicht von der Alltagskleidung unterscheiden kann.

Auch hat der Hund auf Befehl liegenzubleiben. Hier ist besonders auf absolute Disziplin von Hund und Führer zu achten.
Wenn er diese Grundschule hinter sich hat, können Sie anfangen, ihn zu einem tüchtigen Mitarbeiter zu erziehen.

Soll ich an einem Lehrgang teilnehmen?

Alle Hundefreunde können sich einem Hundeführerlehrgang anschließen. Der große Vorteil eines Lehrgangs ist, daß man endlich anfängt, den Hund zu erziehen. Im Lehrgang lernt man Leute kennen. Es entwickeln sich Freundschaften, die ein Leben lang halten. Durch die Zusammenkünfte macht die Arbeit auch mehr Spaß. Man lernt andere Ausbildungsplätze und Reviere kennen, die insbesondere wichtig sind für Hunde, die Wasserreviere kennenlernen sollen. So ist erwiesen, daß Hunde, die bis zu acht verschiedene Gewässer kennenlernten, es auf den Prüfungen leichter hatten und auch andere Gewässer sofort annahmen.

Gruppenausbildung von Jagdhunden

Die Teilnehmer sollten zu den Ausbildungsübungen eine Hundeführerleine mitbringen.
Die Ausbildung erfolgt dann in 4 Lehrgangsstufen. Die Stufe 1 ist der Grundlehrgang. Er enthält die Vorbereitung für die Erziehung für alle Hunde, ob groß, ob klein. Die Aufbaulehrgänge setzen die erfolgreiche Absolvierung des Grundlehrganges 1 voraus. Besonderen Wert ist auf das Fach „Gehorsam“ zu setzen. Ohne Gehorsam aber läuft nichts. Bringen und Apportieren gehören zum Fach Gehorsam und sind für jede weitere Ausbildung erforderlich.
In der Gruppenausbildung haben sich nachstehende auf-

geführte Lehrgangsstunden als notwendig erwiesen. Allerdings lernt der eine oder andere Hund schneller und kann als frühreifer bezeichnet werden.

	Praxis.	Theorie.	Ges.	Std.
1. Grundlehrgang = Erziehung und Gehorsam	13	2	15	Std.
2. Aufbaulehrgang = Feld-und Schlepparbeit	20	2	22	Std.
3. Aufbaulehrgang = Wasserarbeit	10	4	14	Std.
4. Aufbaulehrgang = Schweißarbeit	10	4	14	Std.

	Praxis.	Theorie.	Ges.	Std.
Für die Gesamtausbildung eines Jagdhundes	53	12	65	Std.

Zu den Ausbildungsstunden, an denen der Ausbilder in der Gruppenausbildung teilnimmt, kommen die täglichen Übungsstunden mit dem Hund dazu.

Ergebnis: Eine vierstufige Gruppenausbildung erfordert 65 Std. + 1/2 Std. tägliche Ausbildung und Festigung des Erlernten! Das sind 182 Stunden.

Für ein Jahr benötigen Sie für die Ausbildung 247 Std. Bei einem Stundenlohn von 10,- DM = **2470,- DM.** Jeder kann sich leicht ausrechnen, was ihm sein geliebter ausgebildeter Hund wert sein muß.

Was kostet Ihr Hund im Jahr ?

	Klein	Mittel	Groß	Riese
Futter	450,-	900,-	1800,-	3600,- DM
Tierarzt	230,-	230,-	250,-	250,- DM
Steuer	100,-	100,-	100,-	100,- DM
Versicherung	50,-	50,-	50,-	50,- DM
Leine/Spielzeug	20,-	20,-	20,-	20,- DM
Pflegekosten	50,-	50,-	50,-	50,- DM
Jährliche Kosten	900,-	1350,-	2270,-	4070,- DM

Welche Hunderasse muß ich nun nehmen ?

1. Ich muß den Hund gut leiden können. Er muß zur Familie und zu mir passen.
2. Er muß gesund und wesensfest sein. (Ein wesensfester Hund darf nicht nervös, schreckhaft, ängstlich und schußscheu sein. Ein wesensfester Hund fühlt sich als Beschützer der gesamten Familie).
3. Die Eltern sollten keine Krankheiten vererben: wie z.B. **HD =Hüftgelenksdysplasie** (Fehlbildung eines oder beider Hüftgelenke). Diese Krankheit ist auch für einen jungen Hund sehr schmerzhaft und kann bereits schon im zweiten Lebensjahr eine Operation erforderlich machen.

Auch ein Mischlingshund kann diese Bedingungen voll erfüllen.
Ein Sprichwort lautet: „Sage mir, welchen Hund Du hältst, und ich sage Dir, wer Du bist".

Beim Kauf eines Welpen sollten Sie deshalb auf den Charakter der Eltern achten. Sehr hilfreich sind die Beobachtungen über Verhaltensweisen von Welpen. aus „Wesensgrundlagen und Wesensprüfung" von Prof. Dr. Seiferle:

1. Der Führer spaziert mit seinem Hund

Wie ist die Bindung an den Führer?	eng, zu eng, wenig, ausgeprägt, fehlt
Wie weit entfernt sich der Hund vom Führer?	0 - 5 m, ca. 15 m, ca. 30 m
Läßt er sich durch Umweltreize ablenken?	ja, leicht, schwer, nein
Bewegungs und Betätigungstrieb ?	groß, mittel, ausgeprägt, nicht erkennbar
Spieltrieb?	erkennbar, sehr ausgeprägt, nicht erkennbar
Spür- und Stöbertrieb ?	sehr ausgeprägt, vorhanden, nicht feststellbar

Läßt Verhalten gegen Umwelt auf Ausdauer schließen?	ja, nicht eindeutig, nein
Temperament?	sehr lebhaft, lebhaft, ruhig, träge und schwerfällig
Liegen Anzeichen von Nervosität vor?	ja, nein

Besondere Bemerkungen ....

2. Verhalten gegen friedliche Fremde

Interessiert sich der Hund für Fremdpersonen?	ja, nein
Versucht er, sich ihnen spontan zu nähern?	ja, nein
Hält er sich offensichtlich an seinen Führer?	ja, nein, nicht eindeutig
Wie verhält er sich gegenüber Fremdpersonen?	zutraulich, zudringlich, sicher, spielfreudig, zurückhaltend, mißtrauisch, ängstlich, gleichgültig, aggressiv
Läßt sein Verhalten auf Wesenssicherheit schließen?	ja, nein, nicht eindeutig

Besondere Bemerkungen: ....

3. Der Führer spielt mit seinem Hund

Hat der Hund Vertrauen zu seinem Führer?	ja, nicht eindeutig, nein
Wie verhält er sich beim Spiel?	begeistert, hemmungslos, gehemmt, unlustig, uninteressiert
Beißt er beim Spiel kräftig zu?	ja, zaghaft, nein
Verbeißt er sich?	ja, nein
Gerät er beim Spiel in Kampfstimmung?	ja, nicht eindeutig, nein
Wie verhält er sich, wenn er beim Spielen auf den Rücken gelegt, oder an der Rute gezogen wird?	gleichgültig, ängstlich, erwünscht/ unerwünscht, scharf, spielerisch, widerstrebend
Läßt sein Verhalten auf Wesenssicherheit schließen?	ja, nicht eindeutig, nein
Sind Anzeichen von Härte erkennbar?	ja, nicht eindeutig, nein
Führigkeit?	ausgeprägt, wenig ausgeprägt, fehlt
Bewegungstrieb?	groß, mittel, gehemmt, gering
Beute- und Bringtrieb?	ausgeprägt, vorhanden, fehlt

Ausdauer ?	groß, mittel, wenig
Temperament ?	sehr lebhaft, lebhaft, ruhig, träge

BesondereBemerkungen:..

4. Kontakt mit fremden Personen

Verhalten des Hundes:	
Beim Berühren durch fremde Personen ?	zutraulich, ausweichend, ängstlich, drohend, erwünscht / unerwünscht scharf, sicher, gleichgültig
Beim Spiel mit fremden Personen ?	hemmungslos, lebhaft, gehemmt, unsicher, ängstlich, uninteressiert, aggressiv
Im engeren Kreis fremder Personen:	
a) in Anwesenheit des Führers ?	sicher, unerschrocken, dro- , hend, schutzbereit, unsicher, ängstlich, erwünscht / unerwünscht scharf,
b) vom Führer verlassen ?	sicher, unerschrocken, zutraulich, gleichgültig, drängt zum Führer, kümmert sich nicht um ihn, verängstigt, erwünscht / unerwünscht scharf
Bei Annäherung friedlicher Fremder ?	aufmerksam, wachsam, freundlich, gleichgültig, ängstlich, erwünscht / unerwünscht scharf, zudringlich

Besondere Bemerkungen :..

5. Verhalten gegenüber verschiedenen Umwelteinflüssen

a) Optische Einflüsse	sicher, unerschrocken, interessiert, gleichgültig, mißtrauisch, aggressiv, ängstlich, schreckhaft, momentan / nachhaltig
b) Akustische Einflüsse	sicher, unerschrocken, interessiert, gleichgültig, mißtrauisch, aggressiv, ängstlich, schreckhaft, momentan / nachhaltig
c) Alltägliche Einflüsse	(Straßenverkehr, Restaurant, Telefonkabine usw.) sicher, unsicher, nervös, mißtrauisch, ängstlich, erwünscht / uner-

	wünscht scharf, schreckhaft momentan / nachhaltig

Besondere Bemerkungen:
a)..
b)..
c)..

6. Schußfestigkeit:

von 50 - 100 m?	sicher, unerschrocken, aggressiv, nervös, momentan oder nachhaltig: ängstlich / schreckhaft/ schußscheu
von 25 - 30 m?	sicher, unerschrocken, aggressiv, nervös, momentan oder nachhaltig: ängstlich / schreckhaft/schußscheu
von 10 - 15 m?	sicher, unerschrocken, aggressiv, nervös, momentan oder nachhaltig: ängstlich / schreckhaft/schußscheu

Besondere Bemerkungen: ....

Die gesamte Hundeausbildung muß voll und ganz im Einklang mit dem Tierschutzgesetz stehen.
Jeder Ausbilder muß bestrebt sein, keinem Tier ein Leid zuzufügen.
Besonders die Jäger müsssen krankgeschossenes Wild schnell finden. Dieses ist jedoch oft nur mit einem dafür ausgebildeten Hund möglich.
Hier gilt das Sprichwort: „Jagen ohne Hund ist Schund".
Die Landesjagdgesetze schreiben seit einigen Jahren vor, daß bestimmte Jagdarten nur mit einem brauchbaren Hund durchgeführt werden dürfen. Das hat zur Folge, daß die Schulung des Hundes intensiver durchzuführen ist.
Jeder Jagdhund muß zur Anerkennung der Jagdbrauchbarkeit die Brauchbarkeitsprüfung bestanden haben, wobei bei den Prüfungsbedingungen das Alter, die Rasse oder der Verein keine Rolle spielen. Die **Jagd-Gebrauchs-Prüfungen** für Jagdhunde werden von den Kreisjäger-

schaften im Auftrag der Landesjägerschaften abgehalten. Die Hundeführer sollten lernwillig sein und müssen Erfahrungen sammeln.
In den Lehrgängen werden mit dem Hundeführer unter praktischer Anleitung von dem Lehrgangsleiter alle erforderlichen Prüfungsfächer durchgearbeitet. Die Jagdhundeführerlehrgänge haben das Ziel, mit dem Jagdhund die Jagd-Gebrauchs-Prüfung zu bestehen.
Sehr wichtig ist: Jeder Hund muß die vom Gesetzgeber vorgeschriebenen Impfungen (Tollwut) rechtzeitig erhalten haben. Die Eintragungen müssen vollständig sein, und der Impfpaß ist zur Einsichtnahme mitzubringen.

2.0 Optimale Erziehungsmethode für den Hund

Jeder Hund braucht eine Bezugsperson. Die konsequente Rangeinweisung bereits bei einem Welpen von 8 -10 Wochen ist sehr wichtig. Die Tierpsychologie sagt; „Jeder Hund, auch der kleinste, muß von Anfang an wissen, wo es langgeht.“ Die Rangfolge kann mit Spiel und Spaß eingeübt werden. Das Spielen mit dem kleinen Hund ist in der ersten Lernphase das Wichtigste. So kann der Hund auf die Erziehung und auf die späteren Übungen vorbereitet werden. Zuerst üben wir Leinenführigkeit, Sitz und Platz. Beim Hund nutzen wir die angewölften Eigenschaften, wie z.B. das Hinterherlaufen nach sich bewegenden Gegenständen. Jeder Hund ist von Natur aus ein Beutejäger. Das Ergreifen und Zupacken der sich bewegenden Beute, den noch zappelnden Gegenstand zu beuteln, bis diese Beute sich nicht mehr bewegt, ist dem angeborenen Jagdhund Beutetrieb zuzuschreiben. Das heißt, alle Raubtiere (dazu zählen auch kleine Schoßtiere) sind darauf programmiert, Beute zu machen, um satt zu werden. Spielen und üben Sie daher nur mit einem hungrigen Tier! Als Belohnung geben Sie stets und immer ein Leckerli aus Ihrer Hand. Loben Sie den Hund mit freundlicher Stimme „Brav - Brav - Brav!“ Spielen und Üben mit dem Hund ist für Mensch und Tier eine Situation, aus der Freude, Spaß, Entspannung und Erholung entstehen.

Die Reizangel

Sie besteht aus einem ein, zwei, oder drei Meter rundem Stab. Der Stab oder Stock soll möglichst biege- und bruchfest sein. Der Durchmesser soll ca. 18 - 25 mm sein. An dem einen Ende bohrt man zwei kleine Löcher mit dem Durchmesser ca. 3 - 5 mm. Durch diese Löcher wird eine flexible Hanf- oder Kunstoffschnur gezogen. Die Länge der Schnur beträgt 2 - 3 Meter. Durch einen Knoten in der Schnur kann die Schnurlänge nach Bedarf eingestellt werden. Am Ende der Schnur wird ein besonders weiches Apportel angebunden. Das Apportel besteht möglichst aus einem langen Socken. Sogar festgestrickte Wollsocken haben ein grobes Gewebe und lassen die Duftstoffmoleküle sehr gut heraus. Der Socken wird nun mit Zeitungspapier oder einem weichen Gewebe gefüllt. Damit wird ein angenehmes gutes Zupacken vom Hund erreicht. Noch besser ist es, den Socken mit Wilddüften anzureichern. Praktisch eignet sich fast alles vom Wild, wie Federn und Schwingen vom Flugwild oder ein komplettes Federkleid vom Flugwild. Diese Düfte sind für den Hund besonders faszinierend.

Vorstehübung an der Reizangel:

Bei Einnahme der Witterung erfolgt das sogenannte „Vorstehen“, d.h. Markieren, Stehenbleiben, Erstarren vor dem Wild. Der Hund nimmt die angeborene typische Schleich-Pirschhaltung (fertigmachen zum Sprung auf die Beute wie

ein Tiger) ein: ein Pfötchen hoch, das andere nachziehend, den Kopf nach vorne gezogen, die Rute hochgereckt (siehe Bildteil an der Reizangel: Bilder Nummern 34, 35, 37, 39, 41, 45). Durch ständiges Üben und sofortiges Loben und Kraulen des Hundes wird ein Durchstehen des Hundes vor Wild gefördert und erreicht. Hat der Hund die Beute an der Reizangel ergriffen, ist es normal, wenn er die Beute für sich behalten will. Nun versucht man, langsam und sanft mit der Schnur den Hund an sich zu ziehen. Die Beute ist ihm noch nicht abzunehmen. Stattdessen ist jetzt Loben und Kraulen angesagt mit den Worten „Brav - Brav - Brav!“. Jetzt halten Sie dem Hund ein Leckerli (Leberwurstbrotstückchen) hin und belohnen Ihren Hund dafür, daß er Ihnen die gefangene Beute abgibt. Nach dreimaligem „Beutemachen“ durch den Hund sollten Sie eine Pause einlegen.
Danach wird mit der Reizangel die Beute nach links und rechts geworfen und zwar solange, bis der Hund die Vorstehmanier zeigt, um sich dann für den Sprung auf die Beute vorzubereiten.

Die Reizangel kann als **Allzweck-, Trainings-** und **Trimmgerät** für Hund und Führer eingesetzt werden, da der Hund durch das Laufen im Kreis müde wird und sein Bedürfnis nach Bewegung erfüllt wird.

Die Übung mit der Reizangel ist für den Hund als Belohnung täglich zu wiederholen.

Die Reizangel ist ferner zu gebrauchen bei Apportieren über Hindernisse, sowie Anfangsübungen am Wasser usw.
Zeigt der Hund kein Interesse für das Apportel, streichen Sie es dann mit weicher Leberwurst ein und üben Sie nur, wenn der Hund Hunger hat.

Bevor Sie mit dem Hund üben, achten Sie auf folgendes:

1. Der Hund muß zu seinem Ausbilder Vertrauen haben.
2. Täglich ist mit dem Hund zu spielen!
3. Selbstdisziplin des Ausbilders ist Voraussetzung und erforderlich.
4. **Immer konsequent sein!**
5. Viel, viel Zeit für den Hund haben!
6. Bei der Ausbildung des Hundes viel Geduld haben!
7. Während der Ausbildung den Hund nie überfordern!
8. Den Hund durch Ernährung und Auslauf fit halten!
9. Jeder Hund ist ein Beutejäger. Diese Veranlagung ist mit der Reizangel zu fördern.
10. Und immer wieder üben - üben- üben !!!

Jeder Hundebesitzer, der keine Zeit für die Ausbildung hat, sollte sich keinen Hund anschaffen.

Die Beute an der Reizangel

3.0 DAS WORT SIGNAL „BEI FUSS“

Der Ausbilder muß stets und immer der „Leithund“ sein. Dieses wird durch wiederholtes Üben der **Leinenführigkeit** erreicht.

Der Hund wird bei Rechtshändern an der linken Seite geführt. Der Kopf des Hundes befindet sich in Höhe des linken Knies. Beim Vorpreschen des Hundes ist sofort ruckartig an der Leine zu ziehen. Beim Zurückbleiben des Hundes ist gleich zu verfahren. Man achte darauf, daß der Hund sich stets auf gleicher Höhe des Führers befindet. Gelingt diese Übung, den Hund ausgiebig loben - loben - loben!

Der Führer ändert ständig seine Gangart. Er beginnt mit normalem Gehen, um dann schnell und dann langsam zu gehen, um plötzlich zu laufen und ganz langsam zu schleichen.

Auch bei veränderter Gangart dreht er sich plötzlich um die eigene Achse. Der Hund muß sich hierbei ständig auf den Führer konzentrieren. Dies ist eine gute Übung, die dem Hund einprägt, daß **Sie** der „Leithund“ sind.

Zwischendurch wird „Sitz!“ oder „Platz!“ geübt. Diese Kommandos werden im späteren Kapitel besonders behandelt. Gelingt die Übung „Sitz!“ und „Platz!“, entfernt man sich immer weiter von dem Hund, dehnt die Zeit aus und kommt dann zum Hund zurück, um ihn zu loben - loben - loben.

Rasche Leinenführigkeit beim Hund erreicht man, wenn im Wald durch dichtes Stangenholz gegangen wird. Durch starkes Rucken an der Leine merkt der Hund schnell, daß er neben oder hinter seinem Führer gehen muß. Bei ungestümen Hunden verhelfen eine Hilfshalsung oder ähnliche Hilfsmittel noch schneller zum Erfolg.

Eingeschüchterte Hunde sind dagegen beim Weitergehen liebkosend mit der Hand zu beruhigen. Diese Übungen, das saubere Bei-Fuß-Gehen und zwischendurch Ablenkung durch

andere Hunde, andere Gerüche usw. erfordern vom Hund wie auch vom Führer höchste Disziplin und sind für beide anstrengend. Daher dürfen in der ersten Woche täglich nur kurze Übungen ca. 5 Minuten durchgeführt werden.
Üben Sie, daß der Hund sich automatisch setzt, wenn der Führer steht. Der Hund weiß von den „Sitz!"-Übungen, daß „Sitz!" angenehm ist.
Ein Hund muß in folgenden Situationen immer an der Leine geführt werden: in Dorf und Stadt, bei Menschenansammlungen, wie Kirmes und Schüt- zenfeste, auf der Jagd, beim Zusammentreffen der Jäger, junge Hunde auch während der Treib- und Suchjagd und während der gesamten Ausbildungszeit. Auch vor, während und nach der Schweiß- arbeit ist der Hund an der Leine zu führen. Denken Sie immer daran: auch der kleinste Hund ist ein Beutejäger und sonst manchmal nicht zu halten.
Das Feld- und Forstordnungsgesetz in Niedersachsen schreibt vor:
„Die Brut- und Setzzeit ist vom 01.04. bis zum 15.07. jeden Jahres. Alle Hunde ohne Ausnahme sind in dieser Zeit an der Leine zu führen. Ausgenommen sind Hunde, die in der Ausbildung sind oder bei denen aus beruflichen Gründen dieses erforderlich ist," z.B. Polizeihunde bei der Verfolgung von Verbrechern.
Dieses ist für Wald, Feld und Flur verbindlich vorgeschrieben. Enten legen bereits im Februar. Jeder Jäger und Naturschützer wird seinen Hund in der Nähe des Wassers anleinen. Auch in Gebieten, wo Katzen und Kinder laufen, bzw. in sonstigen Gefahrenzonen muß der Hund angeleint werden.
Brut und Setzzeiten:
Je nach Witterungsverhältnissen hat der Hase 3 - 4 Setzzeiten, in den Monaten Januar bis Mitte Juli.
Das Kaninchen ständig ab Januar.
Die Ricke setzt ihr Kitz in der Zeit von Mai bis Juni.

Die Brutzeit bei Enten ist von Februar bis Juli. Das Rebhuhn brütet zwischen April und August, die Fasanenhenne von Mai bis Ende Juni.

Gehorsamkeitsprüfung

Wie schon erwähnt :
Jeder Hund ist ein Beutejäger. Selbst der kleinste Chihuahua jagt nach allen sich bewegenden Gegenständen. Wird ein Gegenstand schnell bewegt, wird der Hund sofort aufmerksam. Er will diesen Gegenstand ergreifen und zu seiner Beute machen. Diese Beute ist für den Hund besonders interessant, wenn dieser Gegenstand auch noch entsprechenden Duft abgibt, wie Katzen- oder Wildgeruch. Aus diesem Grunde ist es nicht nur leichtsinnig, sondern sogar unverantwortlich, den sonst sanftesten Hund nicht anzuleinen. Auch ein Hund, der absoluten Gehorsam gelernt hat, muß aus den vorher beschriebenen Gründen immer angeleint sein. Ohne Gehorsam aber läuft nichts, deshalb ist es wichtig, mit dem Hund eine Gehorsamkeitsprüfung abzulegen.
Auch die **Versicherungen** legen größten Wert auf die Gehorsamkeitsprüfung. Bei einem Schaden bis zu 5.000,— DM zahlen die Versicherungen aus Kulanzgründen. Wird der Schaden jedoch größer, kann es zu großen Schwierigkeiten kommen. Ein Beispiel: Ein Hase steht auf. Der Hund sieht dieses und läuft sofort hinterher. Nun läßt sich der Hund auch nicht mehr vom Führer abpfeifen. Der Hase läuft auf die Straße, der Hund hinterher. Der Instinkt des Hundes sagt ihm, daß er Beute machen muß. Der Busfahrer, welcher zufällig vorbeifährt, kann nicht mehr rechtzeitig bremsen. Es kommt zum großen Aufprall, ein Krach, der Busfahrer ist geschockt, der Bus landet am Baum: Totalschaden in Höhe von eventuell 200.000,— DM oder noch mehr. Noch schlimmer ist es, wenn Personen zu Schaden kommen, und es zu Arztkosten, Krankenhausaufenthalten oder sogar Querschnittslähmung eines Erwerbstüch-

tigen kommt, der für Frau und Kinder aufkommen muß. Dieser Schaden kann in die Millionen gehen und den Hundehalter Haus und Hof kosten. Deshalb muß jeder Hundehalter prüfen, ob sein Hund in der Haftpflichtversicherung hoch genug eingeschlossen ist (z.B. 2 Millionen DM). Bei einem Haftpflichtschaden muß der Nachweis erbracht werden, daß der Hund sich noch in der Ausbildung befindet oder daß der Hund jagdlich brauchbar ist. Bei der Brauchbarkeitsprüfung ist auch die Gehorsamkeitsprüfung enthalten. Die Gebrauchsprüfungen für Jagdhunde werden in Niedersachsen von den Kreisjägerschaften abgehalten.

4.0 FÜHRIGKEIT IST NICHT GEHORSAM, SONDERN ANGEWÖLFT

Führigkeit zeigt sich dadurch, daß der Hund sich ständig an seinem Führer orientiert und seinen Herrn als Leithund anerkennt, z.B. wenn er nach der Hasenspur oder Schlepparbeit ohne Ruf oder sonstiges Signal freudig zum Herrn zurückkommt. Ein weiteres Zeichen für Führigkeit ist es, wenn er während der Sucharbeit immer wieder zu seinem Herrn vorbeikommt und das Bestreben hat, Kontakt zum Führer zu halten, oder wenn er beim Vorstehen von Wild zu seinem Führer äugt. Bereits beim Welpen ist es möglich, die Führigkeit zu fördern. Der Hund muß nur wissen, daß der Führer bestimmt. Ein Tip: Gehen Sie nie auf den Hund zu, sondern gehen Sie immer soweit, bis der Hund zum Herrn kommt.
Vergessen Sie das Loben nicht, wenn der Hund kommt und geben Sie ihm ein Leckerli.
Als günstig hat sich gezeigt, vor und während der Fütterung die „Komm!"-Aufforderung möglichst sehr leise zu geben, zu streicheln und zu loben.
Auch wenn man den Hund aus dem Zwinger holt, sollte man das Wort oder den Pfiff „Komm!" benutzen.

Bei den ersten Feldsuchen ist es ratsam, für den Hund immer ein Leckerli bereitzuhalten, um gegebenenfalls davon Gebrauch zu machen. Das beste Leckerchen sind nach meiner persönlichen Erfahrung kleine Häppchen von einem Leberwurstbutterbrot. Diese Häppchen sind einzeln aus der Hand zu geben. Hierdurch entsteht ein angenehmer Hautkontakt von Mensch zu Tier. Der Hund bekommt Vertrauen zu seinem Herrn. Der Führer kann seinen Hund stark an sich binden, je mehr und je öfter er mit dem Hund spielt und ihn belohnt.
Wie immer gilt bei jeder Gelegenheit: Üben - üben - üben !!!
Ein führiger Hund zeigt eine weite Suche und will Wild finden. Ein ängstlicher Hund zeigt nur kurze Suche oder klebt am Stiefel. Dieser Hund kann kein Wild finden und kommt nicht zum Vorstehen. Bei einem sensiblen Hund, der zuviel Führigkeit zeigt, kann dieses auch mit **Ängstlichkeit** zusammenhängen.

Auf Jagdprüfungen werden schuß- und wildscheue Hunde nicht zugelassen. Die Schußscheue beim Hund kann durch entsprechendes Training überdeckt werden.
Der Führer geht mit seinem Hund langsam zu einem jagdlichen Schießstand und achtet auf jeden abgegebenen Schuß. Sobald der Knall ertönt, sollte er den Hund streicheln und beruhigend auf ihn einwirken. Hat der Hund sich an diese Schießerei gewöhnt, sollte man ins Revier und vor dem Hund ein Kaninchen (keine Taube wegen der Federn!) schießen. Der Hund ergreift das noch warme Stück Wild, und die Schußscheue ist passé.

In vielen Fällen ist damit auch die Wildscheue vorbei. Solch ein abgerichteter Hund ist dann zur Jagd zu gebrauchen. Er zeigt in der Regel sehr gute Vorsteheigenschaften. Wegen der angewölften Schuß- und Wildscheue darf mit solchen Hunden nicht gezüchtet werden.

5.0 GEHORSAMSÜBUNGEN „Sitz!"

Hat der Hund volles Vertrauen zu seinem Herrn, beginnt man vorsichtig, aber konsequent mit dem Signal „Sitz!". Man drückt dazu mit der flachen Hand auf die Hüftgelenke und hält mit der anderen Hand den Hund am oberen Hals bzw. Kopf hoch. Nun spricht man mit leiser angenehmer Stimme „Sitz, sitz, sitz!" und krault am Hals immer wieder. Das Belohnungshäppchen gibt man nur dann, wenn der Hund auch sitzen bleibt. Von Anfang an sollte man auf korrektes Sitzen achten, d.h. der Hund sitzt erdbündig auf seinen Sitzbeinhöckern. Die Vorderläufe sind angezogen und bleiben auf dem Boden. Diese Übung sollte man anfangs 3 mal täglich durchführen. Schon früh sollte der Hund das Sichtzeichen, den erhobenen Zeigefinger in Augenhöhe, kennenlernen, damit später im Revier auch eine lautlose Verständigung erfolgen kann. Kennt der Vierbeiner die Verständigung, also das Kommando „Sitz!" und das Sitzzeichen, den erhobenen Zeigefinger, dehnt man die Übung aus, indem man sich vom Hund entfernt. Dann kommt man zurück und geht um ihn herum. Auch bei Ablenkung durch andere Personen, Hunde bzw. Katzen oder durch Schießen muß der Hund so lange sitzenbleiben, bis er abgeholt wird. Die Ablenkung kann auch mit dem Apportel, welches an der Reizangel ist, durchgeführt werden.

Je größer die Übungsgruppe in einem Gehorsamkeitslehrgang ist, um so größer ist die Ablenkung. Deswegen kann der Führer jetzt blitzartig einwirken. Ab jetzt beginnt die Erziehung mit den Worten:

„Brav!" und „Pfui!" = Angenehm und Unangenehm.

Bei den vorangegangenen Ausführungen war es nur Spaß und Spiel. Jetzt kommt das unangenehme Wort „Pfui, Pfui!" Wenn der Welpe, bzw. der Hund genau weiß, was das Wort „Sitz!" heißt, er es jedoch trotzdem nicht sofort befolgt, ertönt das Wort „Pfui!" mit einem strengen harten Tonfall. Schon nach kurzer Zeit weiß bereits der Welpe, daß das Wort „Pfui!" eine Bestrafung und unangenehm ist.

Bei weiteren Erfolgsübungen sollte man darauf achten, daß das Signal „Sitz!" nicht ständig wiederholt wird. Es muß trainiert werden, daß nur noch ein einmaliger Befehl erteilt zu werden braucht. Wird auf einer Prüfung ein mehrfacher Befehl nötig, so ist das ein Mangel. Dieses wirkt sich als Minderung bei der Benotung aus. Deshalb sollte man nur leise und einmalige Befehle geben.
Am Anfang muß man darauf achten, daß der Hund beim Sitzen einen angenehmen Platz hat. Es kann jedoch auch mal vorkommen, daß das Gelände nicht immer diesen günstigen Platz bietet. Deshalb sollte man auch in unwegsamen Gelände das Kommando „Sitz!" üben.
Der Führer sollte immer darauf achten, daß er der Erzieher und Ausbilder des Hundes ist. In jeder Sekunde der Ausbildung muß ihm bewußt sein, daß er für den Hund der „Leithund" ist. Wie eine Hündin ihre Welpen zur Reinlichkeit und zum Gehorsam erzieht, so muß auch hier der Mensch diese Erziehungsrolle der Mutterhündin übernehmen. Da es im Verständnis eines Hundes immer einen Leithund geben muß, wird sonst wohl oder übel Ihr Hund die Rolle übernehmen.
Will der Welpe nicht so gehorchen, wie die Hündin es für erforderlich hält, faßt die Hündin den Welpen im Nackenfell und schüttelt ihn. Dieses ist für einen jungen Hund die natürlichste Strafe. Deswegen kann auch der Hundeführer so vorgehen, wenn z.B. *der Welpe auf einen Autositz oder auf ein Sofa, bzw. auf ein ähnlich gutes Möbelstück* springt. Auch wenn er z.B. an einem hochspringt und damit die Kleidung verdreckt, kann man den Welpen sofort, wie die Hündin es auch macht, zur Ordnung rufen. Trotz aller Mühe, die Sie mit der Erziehung des Hundes haben, denken Sie immer daran, daß Sie damit für Ihren Hund das Beste tun.

Nach Erfolg sollte der Hund sofort gelobt und gestreichelt werden. Man darf das Fell des Hundes nicht gegen die gewachsenen Haare streicheln, sondern immer in die Richtung, wie die Haare gewachsen sind und anliegen.
Jeder Führer und Abrichter, der nicht korrekt und konsequent erzieht, ist nicht erziehungsberechtigt. Es gehört also viel Selbstdisziplin, Durchstehvermögen und Selbstbeherrschung des Ausbilders dazu, um das richtige Maß an Lob und Tadel zum richtigen Zeitpunkt zu finden. Nur die ständigen Übungen bringen Erfolg und führen langsam aber sicher zum Ziel. „Gehe daher zum Ziel wie bei einer Treppe - von Stufe zu Stufe nach oben!" Hier wird vom Abrichter viel Zeit und Geduld abverlangt.

Generalreinigung

6.0 DAS KOMMANDO „PLATZ!“ HAT ZWEI AKUSTISCHE UND EIN OPTISCHES SIGNAL

Das Wort „Platz!“ sollte man sehr leise sprechen. Der „Trillerpfiff“ sollte dagegen sehr laut abgegeben werden. Diese beiden Signale verbindet man immer mit dem unhörbaren Signal, d.h. durch die weit über den Kopf ausgetreckte Hand wirkt der Führer für den Hund (optisch) plötzlich „kollossal groß“ und „stark“. Das Handsignal ist besonders praktisch, wenn Geräusche nicht angebracht sind, wie in der Jagd beim Pirschen, in der Wohnung, in der Wirtschaft oder dergleichen. Das Wort „Platz!“ bedeutet, daß der Hund sich korrekt hinlegen soll, den Kopf aber hochhalten darf. Der Trillerpfiff bedeutet, daß der Hund aus jeder Lage heraus wie Stehen, Sitzen, Laufen, Hetzen in die Platzlage zusammenklappen muß. Der Hund muß jedoch vorher die Platzlage kennenlernen. Er muß wissen, daß „Platz!“ keine Belästigung durch den Führer darstellt. Der Führer muß bereits dem Welpen klar machen, daß es für „Platzmachen“ immer eine Belohnung gibt. Eine Methode ist: Sollte der Hund zufällig in Platzstellung liegen, die Worte „Brav Platz!“ zu sagen und evtl. ein Leckerli zu geben. So lernt der Welpe fast von selbst, was „Platz“ ist. Sollte er etwas begriffstutzig sein (auch das kommt vor), so benutzt man die folgende Methode: Damit der Hund sich hinlegt, drückt man ihn mit der flachen Hand auf den Boden. Die Vorderläufe werden bei Bedarf ruckartig nach vorne gezogen. Man sollte darauf achten, daß der Hund korrekt liegt, d.h. daß die Vorderläufe nach vorne zeigen. Der Hund darf den Kopf hoch tragen, aber nicht den Kopf nach oben recken. Bei Erfolg wird sofort mit sanfter Stimme gelobt mit dem Wort „Brav - Platz!“, der Hund wird gekrault und mit Häppchen belohnt. Als weitere Belohnung darf der Hund an der Reizangel nach der Beute jagen. Diese Übung ist bis zu 3 x täglich durchzuführen.

Das englische Wort „Down“ bedeutet „hinunter“, „nach unten“. Hierbei soll der Hund den Kopf zwischen den lang ausgestreckten Vorderläufen auf den Boden legen. Diese Platzlage ist für den Hund nicht angenehm und wird deshalb von mir entschieden abgelehnt. Hier wird eine überbetonte Unterwür- figkeit des Hundes verlangt.
Wenn der Hund das Kommando „Platz!“ gelernt hat, beginnt man mit dem Triller-Pfiff. Der Triller-Pfiff, mit gleichzeitiger Platzlage des Hundes, ist in vielen Fällen lebensnotwendig. Besonders an verkehrsreichen Straßen, in der Nähe einer Autobahn, oder wenn ein Radfahrer oder Jogger dem entgegenkommt, ist derTrillerpfiff mit Platzlage absolut notwendig, um den Hund vor Tod oder Verletzung zu schützen und um weitere Unfälle zu vermeiden. Auch beim Abstreichen von Flugwild bzw. beim Aufstehen eines Hasen etc. ist der Trillerpfiff erforderlich. Auch für das „Armbruster-Halt-Abzeichen“ wird diese Übung verlangt und auch vor dem Anlegen bei der Schweißarbeit. Somit ist das Signal „Platz!“ das wichtigste Signal überhaupt. Die Platzlage auf Trillerpfiff erfordert absoluten Gehorsam in jeder Lage und in jeder Situation. Diese Übung muß der Hund hundertprozentig beherrschen. Eine Zwischenlösung gibt es nicht.
Hat der Hund diese Übung „Platz!“ erfolgreich durchgeführt, ist der Hund *in jedem Fall* vom Abrichter bzw. Führer abzuholen. Gehen Sie in die Knie, streicheln und loben Sie mit „Brav Platz!“ und Häppchen-geben.
Den „Komm-Pfiff“ sollten Sie nur dann benutzen, wenn eine andere Möglichkeit zum Abholen des Hundes nicht gegeben ist, z.B. wenn zwischen Ihnen und dem Hund ein unüberwindbarer Graben oder ähnliches liegt.
Dehnen Sie die Übung „Platz!“ in der Zeit immer länger aus. Wenn Sie zum Hund zurückkehren, steigen Sie über den Hund hinweg. Hierdurch wird der Hund stark abgelenkt. Trotzdem muß er liegen bleiben. Jeder Führer muß seine eigene

Trillerpfeife haben. Der Jagdhund erkennt aus allen **Trillerpfeifen** an der Lautstärke und Tonfrequenz die seines Herrn und Leithundes heraus. Da die Hunde den Rudelführer ständig zum Machtkampf herausfordern, ist eine ständige Fort- und Weiterbildung erforderlich. Nur starke, erfahrene Hundeführer können auf Dauer gewinnen. Die Jagdleidenschaft der Hunde muß jeder Führer durch tägliche Kontrolle in den Griff bekommen.
Hunde sind Raubtiere. Deshalb kann Hundehaltung in Laienhand durchaus Tierquälerei sein.

7.0 SUCHENARBEIT - FELDARBEIT
- für den Jäger und seinen Jagdkameraden

(Auszug aus der VGPO)
Bei der Beurteilung der Suche kommt es in erster Linie auf den Finderwillen an, daneben auf die Planmäßigkeit. Die Suche soll außerdem flott und ausdauernd sein. Sie ist um so höher zu bewerten, je mehr sie erkennen läßt, daß der Hund sich bei der Suche dem Gelände der vorkommenden Wildart und dem Winde anpaßt und das Tempo mit der Güte der Nase in Einklang steht.
In der Praxis geht der Führer mit seinem Hund ins Feldrevier. Hier prüft er mit Hilfe von Seifenbläschen oder mit dem nassen Finger die Windrichtung. Beim ersten Mal muß man unbedingt gegen die Windrichtung gehen. Der Hund sollte ca. 50 - 100 m systematisch nach links und dann entgegengesetzt quer zum Wind geführt werden, damit der Hund suchen und finden lernt. Das Kommando lautet hier „Such voran!".
Bei Bedarf kann man den Hund an einer langen ca. 30 m langen Feldleine, ruckartig nach rechts oder links laufend, unterstützen. Hier muß der alte Zopf abgeschnitten werden, daß der Hund nur unter der Flinte laufen darf, d.h. zwei bis 15

m vom Führer entfernt. Denn ein Stiefelkleber findet kein Wild und ist in dieser Form für die Suche nicht zu gebrau- chen. War die Feldsuche gegen den Wind erfolgreich, kann man mit der Suche mit Nackenwind beginnen. Jetzt muß der Hund 50 - 100 m nach vorn laufen, um dann im Gegenwind Witterung von dem sich drückenden Wild zu bekommen. Sobald der Hund Witterung hat, bleibt er stehen oder markiert und zeigt so das Wild an. Ein erfahrener Hund bindet das Wild. Wie macht er das? Mit Nackenwind kann kein Hund das Wild ausmachen. Er läuft im großen Bogen 50 bis 200 m nach vorn an den laufenden Fasanen vorbei und dreht sich um, wenn er die geringsten Wildmoleküle verspürt. Damit bekommt er den Wind von vorn. Im Wind kann der feinnasige Hund Wildduftmoleküle der Fasanen auf ca. 50 m ausmachen, steht dann fest vor und bleibt stehen. Die Fasanen drücken sich und laufen nicht mehr weiter, bis man hingeht, damit die Fasanen abstreichen (= fortfliegen).
Fordern Sie den Hund nie auf, **das Wild herauszustoßen oder zu ergreifen,** z.b. wenn ein Kaninchen sich in einem Dornenbusch versteckt hat, sondern loben Sie den Hund immer, wenn er vorsteht. Fördern Sie die Vorsteheigenschaft bei jeder sich bietenden Gelegenheit und lassen Sie ihn ruhig solange stehen, wie der Hund will.
Nach Erfolg dieser Übungen kommt der nächste Schritt. Üben Sie auch in Feldern mit höherem Bewuchs, wie Rübenschläge. Auch hier muß der Hund auf Kommando „Such voran!“ das Feld sofort annehmen und freudig nach Wild suchen wollen. Die Freude zum Suchen kann man noch fördern, indem man den Hund vorher in die Platzlage gebracht hat. Der so vorbereitete Hund stürmt dann nach vorn in die Richtung, in die die Hand des Führers zeigt, um dort das Wild zu finden.

Planmäßige Feldsuche auf der VJP, HZP, und VGP

Suche gegen den Wind

Jedes Mal, wenn der Hund am Führer vorbei läuft, sollte der Führer die Hand erheben und zwar in die Richtung, in die der Hund läuft. Nach einiger Zeit versteht der Hund das ausgestreckte Richtungssignal.

8.0 APPORTIEREN AUF BEFEHL: DAFÜR IST EIN ABSOLUTER GEHORSAM ERFORDERLICH

Hat der Hund gelernt, an der Reizangel spielerisch das Beutestück zu ergreifen und zu tragen, so muß er jetzt lernen, auf Befehl „Apport!“ das Apportel zu nehmen. Der Hund muß jetzt so lange warten, bis das Wort „Apport!“ kommt und er das Apportel nehmen darf. Die Spielerei mit dem weggeworfenen Apportel muß jetzt sofort aufhören. Waren die ersten Übungen so einfach, daß auch ein Anfänger kaum etwas falsch machen konnte, so beginnt mit dem Apportieren die erste Möglichkeit, einen Hund auf lange Sicht zu verderben. Wird nämlich zu Beginn zuviel Zwang ausgeübt, so kann das Apportieren dem Hund so verleidet werden, daß später unendliche Mühe aufgewandt werden muß, bis das Vertrauen wieder hergestellt ist. Deshalb auch hier, wie bei jedem kleinen Teilerfolg, sollte man den Hund wie immer mit Lob, Lekkerli und Reizangel belohnen.

Zwangserziehung jedoch muß sein, da ein Hund, der das Apportieren nur spielerisch gelernt hat, im Ernstfall versagt. Es muß für den Hund selbstverständlich sein, daß er auf Befehl „Apport!“ niemals leer zum Führer zurückkommen darf.
Fünf Stufen sind bei dieser Arbeit zu überwinden.
1. Der Hund muß einen Gegenstand, den er gerne nimmt, im Fang dulden und festhalten, nicht knautschen (= zerdrücken), sondern freudig und heil *auch ein rohes Ei* apportieren wollen.
2. Der Hund muß auf das Wort „Apport!“ den Fang sofort öffnen und zugreifen. Halten sie das Apportel erst 2 cm, dann 5 cm und dann 20 cm vor den Fang. Jetzt sagen Sie „Apport!“, und der Hund muß zugreifen. Es ist darauf zu achten, daß man nicht vor dem Befehl „Apport“ zugreifen läßt.
3. Bei dem Befehl „Apport!“ muß der Hund das Apportel *sofort vom Boden* aufnehmen.

4. Der Hund muß ein fortgeworfenes Apportel während des Vorbeilaufens ergreifen und tragen.
5. Der Hund muß das Apportel auch über ein Hindernis tragen, z.B. über einen Baumstamm oder andere niedere Gegenstände, sowie über Zäune, Gräben bzw. Bäche.

Bitte beachten Sie: Bei „Muß-Übungen“ darf nie mit vollem Magen geübt werden. Der Hund muß stets bei diesen Übungen hungrig sein, um das Belohnungshäppchen gern in Empfang zu nehmen. Auch kann die Reizangel dienlich sein. Lassen Sie nach diesen Übungen den Hund als Beutejäger im Kreis hinterher jagen. Erst, wenn der Hund all diese Übungen erfolgreich und freudig macht, ist alles für die spätere Ausbildung, für die Schlepparbeit bei Kaninchen, Huhn, Fasan, Ente und Fuchs sowie für das Bringen der Ente aus tiefem Wasser gewonnen.

Wie bringt man dem Hund „Apport!“ bei ?

Die Übung beginnt mit dem korrekt sitzenden Hund. Wenn der Hund das Wort „Apport!“ nicht kennt, öffnet man ihm vorsichtig den Fang und schiebt ihm mit der anderen Hand ein weiches Apportel in den Fang. Wenn der Hund jetzt das Apportel annimmt, lobt man ihn ausgiebig „Brav - brav - brav!“ und gibt ihm ein Leckerli, auch wenn der Hund das Apportel ausspuckt.
Will der Hund das Apportel nicht annehmen, drückt man von der Unterseite gegen den Fang. Mit der anderen Hand krault man den Hund mit den Worten „Brav Apport!“. Werden Sie jetzt nicht nervös, sondern strahlen Sie Ruhe aus. Der Hund spürt dieses. Will der Hund den Fang absolut nicht öffnen und alles gute Zureden und alle Versuche mit lieben Worten sind gescheitert, muß man zum unangenehmen Schritt übergehen. Mit einem Lefzendruck veranlaßt man den Hund, den Fang zu öffnen.

Dieser geht so: Mit der einen Hand, mit Daumen und Mittelfinger drückt man gegen die Zähne, mehr oder weniger, je nach Art und Sensibilität des Hundes, bis der Hund den Fang öffnet. Nun wird unter gleichzeitig sanftem Befehl „Apport!“ ein weiches Apportel kurz hinter die Fangzähne geschoben. In der gleichen 1/1000 Sekunde müssen Sie mit dem Lefzendruck aufhören, loben mit den Worten „Brav - brav - brav!“ und mit Gekraule unter der Brust. Mit dem Wort „Aus!“ nimmt man dem Hund das Apportel wieder aus dem Fang. Denken Sie immer daran, daß nur **ein** Befehl erteilt werden darf und dieser auch immer sofort ausgeführt werden muß. Nach jeder Übung Belohnungshäppchen! Leberwursthäppchen können Wunder bewirken. Drückt der Hund das Apportel zu früh wieder heraus, muß es wieder unangenehm werden. Mit der Hand wird gegen den Unterkiefer gedrückt, so daß der Fang zubleibt und sagen Sie in scharfem Ton „Pfui!“ Dieses muß solange wiederholt werden, bis der Hund das Apportel festhält. Auch diese Festhalteübung ist zu festigen, indem man das Apportel vor- und zurückdrückt und -zieht. Nach dem Ausgeben erfolgt wieder das Angenehme, wie Loben, Kraulen und Leckerchen geben. Zwischen den täglichen 3-maligen Apportübungen sind entsprechende Pausen einzulegen. In diesen Pausen wird nicht gestreichelt und sich auch sonst nicht um den Hund gekümmert, d.h. es erfolgt in dieser Zeit kein Lob und kein Tadel.
Die Apport-Übung muß man täglich wiederholen, bis alles hundertprozentig klappt wie beschrieben. Nach Erfolg dieser Übungen geht man zu anderen Apporteln und Gegenständen über, z.B. mit weichen und harten Holzapporteln oder mit Hasen- und Kaninchenbalg umwickelten Apporteln oder einer Bier- oder Colaflasche. Ebenfalls sollte man mit einem schweren Gegenstand, wie z.B. mit einem Sandsack, je nach Körperstärke und Kondition des Hundes von 1 kg - 5 kg Gewicht, üben. Auch ein rohes Ei muß der Hund willig tragen und darf es nicht zerdrücken. Nun sollte man zur nächsten

Übung weitergehen, d.h. der Hund muß das liegende Apportel im Vorbeigehen willig aufnehmen. Dann geht man zum Hindernis und gibt das Kommando „Hopp!“ Jetzt muß der Hund mit dem Apportel im Fang das Hindernis überspringen. Mit dem Wort „Aus!“ läßt man sich das Apportel geben, und sofort wird wie immer nach guter Arbeit der Hund überschwenglich gelobt. Auch diese Übung sollte man mit verschiedenen Apporteln durchführen. Das bringt Abwechslung, und so kommt für Hund und Führer keine Langeweile auf.
Der Führer muß immer darauf achten, daß er der Erzieher des Hundes ist und in jeder Sekunde der „Leithund“ für seinen Hund ist.

8.1 AUFFORDERUNG ZUM „KOMMEN!“

Die Aufforderung zum Kommen hat drei akustische Signale:
1. das gesprochene Wort oder den Ruf „Komm!“,
2. das Pfeifsignal als Morsepfiff,
3. Klatschen in die Hände.

Zu 1. Man achte auf die Tonlage für das Wort „Komm!“. Der Ton soll einladend weich klingen und nicht hart.

Zu 2. Morsepfiff z.B. kurz-lang-kurz. Benutzen Sie keinesfalls den Trillerpfiff. Der Trillerpfiff ist nur der Platzlage vorbehalten.

Zu 3. Beim dritten akustischen Signal „Komm!“ klatscht man in die Hände, damit der Hund weiß, zu wem er bei mehreren Personen kommen soll, und wem er seine Beute bringen soll.

Die Aufforderung zum Kommen darf nur mit angenehmen Dingen verbunden werden. Der Morsepfiff z.B. beim täglichen Füttern, beim Abholen aus dem Zwinger zu Spaziergängen, wenn er auf Sie zurennt, beim Leckerchen geben, beim Streicheln. Also immer dann, wenn es dem Hund Spaß macht zu

kommen. Der Hund empfindet diese Behandlung als angenehm und wird auch dann kommen, wenn Sie ihn wirklich mal gebrauchen und er kommen soll. Hat der Hund mal nicht nach ihren Vorstellungen gehandelt und kommt zu Ihnen zurück, darf **nie** eine Strafe erfolgen.Tun Sie so, als hätten Sie es gar nicht bemerkt.
Optische Signale zum Kommen sind, sich am Oberschenkel zu klopfen und mit der Hand zu schwenken. Das Signal „mit der Hand schwenken" wird gern benutzt, wenn der Hund sowieso auf einen zurennt und zur anderen Seite läuft. Diese Farce wird oft bei der Jugendsuche demonstriert.

Notizen:

9.0 DIE ARBEIT NACH DEM SCHUSS - BEI DER WASSERARBEIT - (§ 1 und § 17 TIERSCHUTZGESETZ)

Aus jagdpolitischen und tierschutzgerechten Gründen darf nur, bzw. muß tierschutzgerecht mit brauchbaren Jagdhunden am Wasser die Jagd auf Wasserwild durchgeführt werden.

Die Nachsuche auf krankes Wild ist eine ursächliche Verpflichtung für jeden Jäger. Schon die alten Germanen gingen zur Jagd. Die Familie mußte von dem erlegten Tier (Fleisch) ernährt werden. Das verletzte Tier muß schnell von den Schmerzen erlöst werden. Darum muß der Hund nach dem Schuß so schnell wie möglich das Wasser annehmen, um die verwundete Ente zu finden und diese dem Führer freiwillig zuzutragen. Sollte die Ente noch leben, ist sie vom Führer so schnell wie möglich waidgerecht und schmerzlos zu töten.

Bei der Wasserwildjagd müssen verschiedene wichtige Dinge vom Hund verlangt werden.

Diese sind:

1. Am Wasser muß leise, ja fast lautlos gejagt werden.
2. Der Hund muß im Wasser gehorsam und gut lenkbar sein. Zeichen und leises Zischen sind erlaubt, jedoch kein Rufen und Schreien.
3. Auch bei nicht arbeitenden Hunden ist Ruhe zu bewahren.
4. Gutes Vorstehen vor Wild am Schilfrand ist erforderlich.
5. Gute Zusammenarbeit mit dem Führer und Arbeitsfreude ist Bedingung.
6. Es muß erkennbar sein, daß der Hund das Wasserwild mit seiner Nase finden will. Oft ist es schon dunkel, wenn die Wasserjagd beendet ist.

   Die Nachsuche am Wasser beginnt dann bald, und der Hund kann nur mit seiner guten Nase die verletzte Ente finden. Deshalb ist immer wieder die besondere Nasenleistung des Hundes zu fördern und zu festigen durch üben - üben - üben.

Ein Grundsatz bei der Einarbeitung des Hundes am Wasser ist: **„Sicht ist Gift!“**.

7. Durchstehvermögen, Kraft und Ausdauer des Hundes und weites Stöbern im dichten Schilfgürtel sind notwendig.
8. Sicheres Ergreifen (nicht Beißen), Aufnehmen und Tragen sowie korrekte Abgabe des Wasserwildes sollte der Hund beherrschen.
9. Wild- und schußscheue Jagdhunde können die Prüfung nicht bestehen.
10. **Die Prüfungsgewässer** müssen den Anforderungen der Prüfungsordnung entsprechen. Nach den Richtlinien des Tierschutzgesetzes und der Landesjagdbehörde muß die Wasserfläche eine Mindestgröße von 0,25 ha haben und eine Breite von ca. 6,00 m. Der Jagdhund muß im Wasser schwimmen können. Die Deckung ist mit 500 qm vereinbart.

Bei der Prüfung muß ein ausgebildeter, jagderfahrener Hund zur Verfügung stehen. Die Prüfungszeit einer Ente darf 15 Minuten nicht überschreiten. Ein Jagdhund, der beim erstmaligen Finden die Ente nicht sofort selbständig und freiwillig bringt, kann die Prüfung nicht bestehen.
Das Stöbern im deckungsreichen Gewässer ist ohne Anschußmarkierung durchzuführen. Der Jagdhund muß die Ente selbständig suchen und finden. Sobald der Jagdhund die Ente aus der Deckung drückt und das sonstige Umfeld frei ist, muß die Ente erlegt werden. Eine vom Hund eräugte Ente gilt als gefunden. Ein Hund, der in einem Fach ungenügende Leistung zeigt, ist jagdlich nicht brauchbar, d.h. er hat die Prüfung nicht bestanden. Handscheue und schußempfindliche Hunde, An-

schneider, bzw. Totengräber sind jagdlich auch nicht brauchbar und haben die Prüfung ebenfalls nicht bestanden.

Erklärungen zu den eben benutzten jagdlichen Ausdrükken:

(1) **Handscheue** = Ein Fremder geht in freundlicher Absicht auf den Hund zu und möchte ihn streicheln. Der Hund zeigt Ängstlichkeit, indem er die Rute einzieht und wegläuft.
(2) **Schußempfindlichkeit** = Hund, der beim Schießen Ängstlichkeit zeigt.
(3) **Anschneider** = Hund, der gefundenes Wild anfrißt.
(4) **Totengräber** = Hund, der gefundenes Wild verbuddelt oder versteckt.
Die Wasserprüfung muß beim zuständigen Veterinäramt angemeldet sein. Nach dem Tierschutzgesetz dürfen für die Wasserjagdausbildung der Jagdhunde z.Zt. drei lebende Enten und eine Ente für die Wasserprüfung gebraucht werden. Natürlich nur unter den entsprechenden Tierschutzvorschriften, die unbedingt penibel einzuhalten sind und Vorrang haben.

Auszug aus dem Tierschutzgesetz:

§ *1 „Zweck dieses Gesetzes ist es, aus der Verantwortung des Menschen, für das Tier als Mitgeschöpf des Lebens das Wohlbefinden zu schützen. Niemand darf einem Tier ohne vernünftigen Grund Schmerzen, Leiden oder Schäden zufügen."*

§ 17
„Mit Freiheitsstrafe bis zu 2 Jahren oder mit Geldstrafe wird bestraft, wer
1. Wirbeltiere ohne vernünftigen Grund tötet oder
2. Wirbeltieren aus Rohheit erhebliche Schmerzen und Leiden zufügt."
Eine Alternative für jagdlich nahe Wasserarbeit, bzw. für Stöberarbeit im Wasserschilf oder für eine Schwimmspur durch

das Schilfdickicht ist noch nicht erfunden worden. So sind bisher im In- und Ausland alle Versuche in dieser Richtung gescheitert. Auch der Versuch, eine tote Ente in fließendes Gewässer zu werfen, oder an einem Bindfaden zu ziehen, um damit die Schwimmspur zu ersetzen, ist fehlgeschlagen.
Ein Hund ist in der Lage, Duftspuren zu unterscheiden. Ein Jagdhund erkennt deshalb genau zwischen einer gesunden, verwundeten und toten Schwimmspur.
Wenn jeder Führer seinen Jagdhund nach den Tierschutzgesetzen ausbildet, ist er auf dem richtigen Weg der Jagdhundeausbildung.
Die verwendeten Enten müssen aus einer ordnungsgemäßen Entenaufzucht kommen. Es dürfen nur flug-, flucht- und tauchfähige Enten bzw. Rauherpel (männliche Ente in der Mauser) für die Ausbildung und Prüfung verwendet werden. Die Ente darf nur für 15 Minuten flugunfähig gemacht werden. Dazu wird der Ente eine Krepp-Papiermanschette, nach Prof. Müller oder nach Sauter (30 mm breit und 0,5 mm dick) auf einer Schwungfederseite übergestreift.
Im Wasser löst sich diese Krepp-Papiermanschette nach 15 Minuten auf, und die Ente kann fortfliegen. Im trockenen Zustand hat das Kreppapier eine Reißfestigkeit von ca.12 kg.

Anlegen einer Papiermanschette nach Prof. Müller oder Sauter:

Ein Hundeführer trage die lebende Ente vorsichtig auf dem Arm, so daß die eine Schwinge (Flügel) zur Seite des anderen Helfers zeigt. Um die Manschette besser umlegen zu können, präpariere man diese wie folgt: Knicke den Krepp-Papierstreifen der Länge nach in der Mitte ein, dazu halte den Papierstreifen rechts und links zwischen den Händen, mit den Fingern knicke den Papierstreifen so ein, daß die Klebestelle nach dem Knicken des Streifens nach außen zeigt. Der Helfer fasse die Schwinge gefühlvoll so an, daß er die präparierte Manschette aus Krepp-Papier, in Form einer Acht, erst um zwei Schwungfedern, dann um drei Schwungfedern, als letztes um alle fünf Schwungfedern bindet. Der Anfang des Krepp-Papierbandes hat einen Klebestreifen von 15 X 30 mm. Das Schutzpapier wird abgezogen und der Rest des Krepp-Papierbandes an diese Klebestelle fest angedrückt. Die Ente ist jetzt für 15 Min. flugunfähig. Alle anderen Funk- tionen wie Tauchen, Schwimmen, über das Wasser fliehen, sich im Schilf verstekken, bleiben voll erhalten. Damit kann sich die Ente dem Hund jederzeit entziehen. Nach 15 Min. hat sich die Papiermanschette aufgelöst, und die Ente ist wieder voll flugfähig. Die Ente mit der Papiermanschette wird mit Schwung in die Nähe von Schilf oder sonstiger Deckung auf das Gewässer geworfen. Erst, wenn die Ente die Deckung angenommen hat, darf der Hund mit dem Kommando „Voran!“ das Gewässer annehmen. Sobald der Hund die Ente gesichtet hat, muß die Ente erlegt werden. Jeder Führer muß zur Wasserarbeit einen ordnungsgemäßen gültigen Jagdschein gelöst haben. Zu empfehlen ist eine **Jagdhaftpflicht** von mind. 2 Mill. DM oder höher.

Bei der Einarbeitung und Prüfung ist der Obmann am Wasser zuständig. Alle Anordnungen des Prüfungs- und Lehrgangsleiters sind widerspruchlos zu befolgen und hinzunehmen. Der Obmann und sein Stellvertreter können den Hundeführer, der ihre Anordnungen nicht befolgt, von weiteren Prüfungen bzw. vom weiteren Lehrgang ausschließen. Eine Rückgabe der eingezahlten Gebühren erfolgt nicht. Die Ausbildung der Jagdhunde und deren Prüfung erfolgt so jagdnah wie möglich. Nach dem Gesetz ist immer mit entladener Waffe zum Wasser zu gehen. Aus Naturschutzgründen sind am Wasser nur **Zink- oder Stahl-Schrotpatronen** zu verwenden. Bleischrote sollen wegen der Verunreinigung nicht mehr benutzt werden. Es darf nicht zu nahe in Richtung des Jagdhundes geschossen werden. Der Jagdhund könnte sonst durch den zu starken lauten Knall oder durch ein Schrotkorn verletzt und dadurch als Jagdhund verdorben werden.

Wasserübungen in der ersten Woche:
Bei diesen Übungen darf immer nur ein Hund im Wasser sein. Der Hund muß zuerst das richtige Kraulschwimmen erlernen. Die Vorderläufe dürfen nicht im und auf dem Wasser planschen, sondern müssen die typische Kraulbewegung machen. Mit diesen Schwimmbewegungen schwimmt der Hund schneller als der Mensch. Wenn der Hund zügig schwimmt, kann er auch nicht untergehen. Viele Hunde glauben zu Anfang, sie könnten nicht schwimmen und schlagen deshalb mit ihren Vorderläufen auf das Wasser. Hiermit spritzt jedoch Was- ser hoch und dem Hund in die Nase. Die auf dem Wasser von der Ente hinterlassene Duftspur wird so zerschlagen. Das aufgespritzte Wasser behindert das Riechorgan des Hundes, und der Hund kann die Spurarbeit nicht zum Erfolg bringen. Der Jagdhund muß lernen, in das Wasser zu gleiten. Der Führer sollte diese Einsteigbewegung mit dem Jagdhund üben.
Ungestümes Hineinspringen ist für den Hund auch gefährlich, da er in abgeschlagene Äste springen und sich schwere Verletzungen zuziehen kann.
In keinem Fall darf der Jagdhund im Wasser ein Hals- oder Flohhalsband tragen. Er könnte sich im Dickicht verheddern und müßte qualvoll ertrinken.

Nachfolgendes hat sich bewährt, um einen Hund die richtige Schwimmtechnik beizubringen:
Man setzt den Hund in ein Boot und rudert damit zum anderen Ufer. In 6 - 10 m Entfernung setzt man den Jagdhund am Ufer aus und rudert sofort zurück. Nach kurzer Zeit schwimmt der Jagdhund zu seinem Führer zurück. Schwimmt der Hund gut und zügig, rudert man sofort um eine kleine Insel herum.

Je nach Kondition des Jagdhundes sollte man diese Übung ein- bis dreimal durchführen. Ein führiger Jagdhund, der jetzt schwimmen kann, schwimmt seinem Führer auch ohne Lockrufe sofort hinterher. Diese Schwimmübung sollte man so oft wiederholen, bis der Jagdhund das richtige Kraulschwimmen erlernt hat (also ohne mit den Vorderläufen auf das Wasser zu schlagen). An Land angekommen, wird der Jagdhund ausgiebig für seine Leistung gelobt. Die gesamte Wasserübung darf den Jagdhund nicht überfordern und darf erstmals zehn Minuten nicht überschreiten. Planscht der Hund, so muß vom Ausbilder und Führer nachgeholfen werden:

Man nimmt den Jagdhund an die Leine, geht ins Wasser und zieht mit sanften Worten den Hund zu sich heran. Nun faßt man den Hund an der Rute und schiebt ihn vor sich her. Die Rute des Hundes wird so hoch gehalten, daß der Kopf des Hundes auf dem Wasser aufliegt. Während dieser Zeit sollte man immer mit dem Hund sprechen: „Voran , voran, voran!". Der Hund muß das Wort „Voran!" als angenehm empfinden. Diese Wasserübungen mit dem Wort „Voran!" können ca. 15 Minuten oder länger dauern. Auf jeden Fall aber so lange, bis der Hund das Wort „Voran!" versteht. Die weiteren Wasserübungen sind entsprechend den Ausbildungsfortschritten des Jagdhundes anzupassen.

Wasserübungen in der zweiten Woche:

Man wirft dem Jagdhund sein bekanntes Beutestück, welches er von der Reizangel her kennt, ca. einen Meter weit auf das Wasser, oder man wirft mit der Reizangel die präparierte schwimmfähige Beute auf das Wasser. Nun reizt man den Jagdhund durch Hin- und Herziehen der Beute. Nach dreimaligem Apportieren aus dem Wasser legt man einen Tag Pause ein. So behält der Hund Freude am Ergreifen der Beute. Der Jagdhund lernt am schnellsten, wenn er Spaß und Freude an seiner Arbeit hat. Nach Erfolg der Arbeit: auch hier wieder loben, loben, loben!

Wasserübungen in der 3. Woche:

Bevor der Hund arbeiten darf, muß „Platz!" gemacht werden. Von einem Helfer wird eine Ente waidgerecht getötet. Dem Jagdhund wird die frisch getötete Ente gezeigt. Anschließend wackelt der Führer mit dieser Ente hin und her, um den Jagdhund zu animieren, die Ente zu greifen. Den Erfahrungen nach hat die frisch getötete Ente ca. drei Minuten Lebendwitterung. Nach zwei bis drei Minuten tritt bei der Ente die Todwitterung ein. Der Führer wirft die tote Ente beim ersten Mal ca. einen Meter vom Rand entfernt ins Wasser. Der Jagdhund darf erst auf Kommando „Voran!" das Wasser annehmen und die tote Ente bringen. Wenn der Jagdhund aus dem Wasser steigt, schüttelt er gerne erst seine Jacke (Fell) aus. Deshalb läuft der Führer in dem Augenblick vom Teichrand fort, wenn der Jagdhund aus dem Wasser an das Ufer steigt. Sobald der Jagdhund auf gleicher Höhe des Führers ist, dreht dieser sich ruckartig um. Durch die ruckartige Drehwirkung und durch Stehenbleiben des Führers wird der Hund aufmerksam und setzt sich in der Regel hin. Immer wieder muß auf korrektes Sitzen des Jagdhundes geachtet werden. Auch darf der Hund die Ente nicht fallen lassen. Sollte er es dennoch tun, ruft der Führer sofort „Pfui Apport!" Hat der Hund die Ente aufgenommen, sollte er ihn sofort wieder ausgiebig loben: „Brav Apport!" bzw. „Brav Sitz!" Auch sollte die Belohnung mit einem Leckerli nicht vergessen werden.

Wasserübungen in der 4. bzw. 5. Woche:

Es wird eine tote Ente weit ins dichte Schilf geworfen. Zu dieser Arbeit ist wieder ein Helfer notwendig. Der Helfer markiert für den Jagdhund einen Anschuß vor. Man nimmt zu

diesem Zweck von der toten Ente ein paar Federn und Schweiß und legt diese auf das Wasser. Der Jagdhund verbindet Schweißwitterung mit totem Wild (Totes Wild = Beute machen).
Dies ist des Jagdhundes Leidenschaft, vor allem, da er auch anschließend von seinem Herrn für seine Arbeit belohnt wird. Diese Übung ist besonders wichtig; denn der Jagdhund lernt bei dieser Arbeit, seine Nase zu gebrauchen und zu spezialisieren, z.B. tote oder noch lebende verwundete Ente zu unterscheiden. Der Führer geht für diese Übung mit seinem Jagdhund zum Teich und läßt den Jagdhund „Platz!" machen. Er untersucht den Anschuß und zeigt diesen anschließend seinem Jagdhund, d.h. er läßt den Hund Witterung aufnehmen. Nun läßt der Führer seinen Jagdhund los mit den erlösenden Worten „Voran Apport!" und läßt ihn ins Wasser gleiten. In Anlehnung des Windes wird der Hund seine Suche nach der toten Ente aufnehmen. Jetzt darf der Führer nicht nervös werden, sondern er muß ruhig bleiben und den Jagdhund arbeiten lassen. Nach Erfolg der Arbeit gibt es wieder Lob und Belohnung.

Wasserübungen in der 5. bzw. 6. Woche:

1. Jetzt ist die Zeit gekommen, wo der Jagdhund auch andere Wasserreviere kennenlernt.
Da jedes Wasserrevier von seiner Lage und Beschaffenheit anders ist, kann der Jagdhund hier andere Eindrücke gewinnen. Aber wie immer muß dem Jagdhund die Wasserarbeit Spaß und Freude machen.
2. Jetzt wird auch zum ersten Mal während der Wasserarbeit geschossen.
Der Hundeführer muß dem Hundeobmann oder seinem Stellvertreter vor der Arbeit mit der Waffe unaufgefordert seinen gültigen Jagdschein vorzeigen. Der Jagdschein dokumentiert, daß der Inhaber die Jagdhaftpflicht bezahlt hat, und daß er die

Waffensachkundeprüfung bei der Jägerprüfung bestanden hat. (Siehe auch **Die Waffen-Sachkundeprüfung** von Rolf Henning S. 19 (1) Allgemeine Sicherheitsregeln, S.92: Reichweite und Wirkungsweise der Geschosse S. 94. Wann muß mit einer Geschoßablenkung gerechnet werden? - Siehe auch Schießvorschrift des Deutschen Jagdschutz Verbandes e. V. Vereinigung Deutscher Landesjagdverbände, in der ab 1. September1993 gültigen Fassung.)

Man darf grundsätzlich nur schießen, wenn das Umfeld frei ist.

Zur *Schußfestigkeit* wird eine tote Ente weit ins Wasser geworfen. Auf Kommando „Voran!" darf der Hund aus der Platzlage heraus das Wasser annehmen. Genau in dem Moment, wenn der Jagdhund die tote Ente erfaßt, wird das erste Mal in die Luft geschossen. Jetzt beobachtet man, wie sich der Jagdhund benimmt. Entweder er zuckt nur, oder er dreht sich beim Schuß um und schwimmt an Land.
Ob noch mehr Schußübungen vorgenommen werden können, ist vom weiteren Benehmen des Jagdhundes abhängig. Eventuell sollte man mit sensiblen, schußempfindlichen Hunden vorher zu einem jagdlich beaufsichtigten Schießstand langsam hingehen, damit das Tier durch diese Übung sein schreckhaftes Verhalten verlernt.
Das Zufassen und Ergreifen der Ente wird vom Jagdhund als „Beute machen" angesehen und wird von ihm als angenehm empfunden.
Die nachfolgende Übung ist, die tote Ente nochmals weit auf das Wasser zu werfen. Bei schußfesten Hunden wird in ca. 4 - 5 m Entfernung neben der toten Ente geschossen, und zwar genau dann, wenn der Jagdhund die tote Ente erfaßt. Bei der 3. Übung wird bereits auf das Wasser geschossen, wenn der Jagdhund nur noch ca. 3 m vor der toten Ente ist.

Wasserübungen in der 6. bzw. 7. Woche:
Die Wasserpassion des Jagdhundes sollte man unter kontrollierten Bedingungen weiter fördern. Jetzt wird das Gelernte gefestigt.
Eine lebende Ente wird wie vorher beschrieben, nach Prof. Müller oder nach Sauter von einem Helfer nach den Tierschutzvereinbarungen präpariert und weit ins dichte Schilf geworfen. Der Jagdhund darf diese Arbeit nicht sehen und nicht hören. Der Führer geht nach Aufforderung des Hundeobmanns zum Gewässer. Am Wasser angekommen, muß der Jagdhund erst in die Platzlage und darf dann auf das Kommando „Such Voran!" das Wasser annehmen und in Anlehnung des Windes das Gewässer absuchen. Ein gut vorbereiteter Jagdhund hat Spaß am Suchen. Der Führer muß ihm die nötige Zeit geben. Der Hund drückt die Ente aus dem Schilf auf das blanke Wasser. Sobald er die Ente sieht, muß sich der Führer vergewissern, daß das Umfeld zum Schießen frei ist. Danach ist die Ente vom Führer zu erlegen. Der Jagdhund darf bei dieser Arbeit keine Wildscheue zeigen und auch nicht schußempfindlich sein. Er muß die tote Ente sofort erfassen, dem Führer ohne Kommando zutragen und korrekt apportieren.

Wasserübungen in der 8. bis 10. Woche:
Die Übungen sind die gleichen wie vorher beschrieben, jedoch in immer schwierigeren Wasserrevieren. Die Übung und Festigung des Erlernten ist weiter ratsam und erforderlich.
Jagdhunde, die bereits hinter der lebenden Ente geprüft sind, dürfen nicht ein zweites Mal hinter der lebenden Ente geprüft werden. Dieses ist eine Vereinbarung zwischen den Tierschützern und der Landesjägerschaft Niedersachsen und anderen Bundesländern.
Auch haben veschiedene Gerichte so entschieden, daß lebende Enten für die Jagdhundeausbildung verwendet wer-

den dürfen. (Siehe Mitteilung des Landes-Jagdverbandes Kiel vom 12. Dezember 1996. Dieser Vergleich gilt bis 31. Dezember 1999.) Ähnlich lautende Mitteilungen standen im Mitteilungsblatt „Der Jagdgebrauchshund und der Niedersächsische Jäger“.

Notizen:

„Laß sie ruhig krakehlen, Bello!
Warum sollen wir in dem eiskalten
Wasser rumschwimmen,
wenn uns der Wind die Enten zutreibt!“

10.0 DIE EINARBEITUNG DES JAGDHUNDES AUF HAAR- UND FEDERWILDSCHLEPPE

Für die Schleppenarbeit ist Gruppenarbeit erforderlich. Denn kein Führer sollte für seinen Hund eine Schleppe ziehen. Jeder Jagdhund erkennt sehr schnell, daß der Schleppenzieher immer der gleiche ist und das gleiche Gewicht hat. Der Hund richtet sich nämlich nach der Bodenverwundung. Mit Bodenverwundung meine ich den Fußeindruck in das Erdreich, geknickte Grashalme und den Abrieb der Fußbekleidung, die nur der Jagdhund mit der Nase wahrnehmen kann. Es wird oft irrtümlich angenommen, daß der Hund sich nur an den Wildgerüchen orientiert. Diese sind für ihn angenehm und der jagdlichen Situation am ähnlichsten. Daher ist es sinnvoll, auch für die Übungen Schleppwild zu nehmen.

Zum Üben der Schleppenarbeit sind von jedem Führer mitzubringen:

1. An Schleppwild: zwei Kaninchen und zwei Stck. Federwild, z.B. Enten bzw. Fasane,
2. ca. zwei m. Bindfaden, Schnur bzw. Leine,
3. feste und wasserdichte Fußbekleidung, da durch Wassergräben und Dornen gegangen wird,
4. einen Anschußbruch oder Stock,
5. einen kleinen Rest Schweiß (Tierblut vom Schwein, Schaf oder Rind).

Ein Schleppenzieher aus der Lehrgangsgruppe übernimmt die Schlepparbeit. Er nimmt zwei Stck. Schleppwild gleicher Art. Nun legt er ein Stück Wild auf den Boden und zupft aus dem anderen Stück ein bißchen Wolle bzw. Federn heraus. Diese Teile drückt er mit dem Daumen in den Boden, damit der Wind sie nicht fortweht. In diese Anschußmarkierung legt er nun einen Tropfen Schweiß, damit der Anschuß natürlich und jagdnah wirkt. Der Jagdhund verbindet mit dem Tropfen

Schweiß, daß am Ende der Wundfährte eine Beute zu erwarten ist. An ein Kaninchen oder einen Fasan bindet man die Schleppschnur so an, daß beim „Schleppe ziehen“ das Stück Wild mit dem gewachsenen Haar- oder Federkleid nicht gegen die Zugrichtung ansteht.

Herstellen einer Schlinge (siehe auch Bilder Nr. 56, 57, 58, 59, 60)
Aus der Schleppschnur für das Schleppwild wird eine variable Schlinge hergestellt. Binde die Schnur in der Länge von zwei ausgebreiteten Armlängen und knote die Enden fest zusammen. Halte die linke Hand mit der Innenhandfläche nach oben. Spreize Daumen und Zeigefinger weit auseinander. Führe die Schnur im Kreis außen am linken Daumen und Zeigefinger herum .Mit der rechten Hand halte die beiden Schnüre fest zusammen (Nr. 1). Bewege jetzt die linke Hand von oben nach unten (Nr. 2). Mit dem rechten Daumen ergreife den Kreisbogen der Schnur in der Mitte. Es bilden sich jetzt zwei kleine Kreise in der Schnur. Mit dem Mittelfinger der linken Hand klappe den kleinen Kreis nach unten. So entsteht eine sehr einfache kleine Schlinge (Nr. 3), die sich je nach Bedarf um den Kopf eines toten Huhnes, Fasans, Ente oder zu einer großen Schlinge um den Kopf eines Kaninchens, Hasen oder Fuchses legen läßt und sich gleichwohl schnell und leicht abnehmen läßt. Durch einfaches Loslassen der Schnur ist diese Schlinge wieder offen.

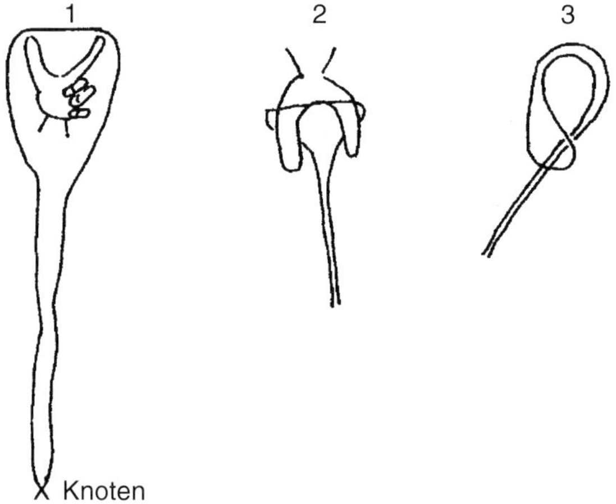

Das andere Stück Haar- bzw. Federwild hebt man vom Boden auf. Man geht bei der **ersten Schleppe** nur mit Nackenwind und nicht zu weit, d.h. ca. 50 - 100 m. Bei einem Welpen sollte man nur ca. 30 m gehen. Der Schleppenzieher legt am Ende der Schleppe das getragene Stück Wild auf den Bo-

den, und zwar quer zur Schleppríchtung. Er zieht das geschleppte Stück Wild über das ausgelegte Stück Wild und zieht gleichzeitig das geschleppte Stück Wild hoch. Dann geht er ca. 10 m in gleicher Richtung weiter. Nun nimmt er die Schleppschnur vom gezogenen Schleppwild ab und legt es unmittelbar vor sich hin. Danach versteckt er sich oder legt sich lang auf den Boden.
Der Jagdhund muß am Ende der Schlepparbeit Erfolg haben. Daher ist es egal, ob er das erste ausgelegte oder das zweite Kaninchen, welches unmittelbar vor dem Schleppenzieher ausgelegt wurde, gefunden hat. Dem Jagdhund darf das gezogene Schleppwild vom Schleppenzieher nicht verwehrt werden. Im Gegenteil, sieht der Jagdhund den Schleppenzieher und reagiert ihm gegenüber vorsichtig oder gar ängstlich, so zappelt der Helfer mit dem Schleppwild und wirft es dem Jagdhund hin. Oft ist damit die Ängstlichkeit vor dem Schleppenzieher behoben.
Bevor der Führer seinen Jagdhund an die Wildschleppe ansetzt, nimmt er seinem Hund die Halsung ab. Nun nimmt man das andere Ende der Führerleine, führt dieses Ende um den Hals des Jagdhundes fest herum und hält mit der einen Hand die Leine mit der Schlaufe fest. Sobald der Schleppenzieher sich versteckt oder Zeichen gegeben hat, läuft man schnell zur Anschußmarkierung und zeigt mit gebückter Haltung und Hand dem Jagdhund, was er finden soll. An der Anschußmarkierung erkennt der Hund, ob am Ende der Schleppe ein Kaninchen, eine Ente bzw. ein Fasan liegt. Von den Apportübungen weiß der Jagdhund, was er holen und apportieren soll.
Der Führer kann vom Anschuß her höchstens 20 m mit nach vorn laufen und muß dann den Hund von der Leine loslassen. Nun gibt er das Kommando „Bring Apport!" Der Führer bleibt jetzt stehen. Der Jagdhund kennt aus den vorhergegangenen Übungen das Wort „Apport!" und weiß, daß er etwas finden muß. Die Schlepparbeit wirkt sich für den Jagd-

hund wie eine unsichtbare Leine aus. Er rennt los und nimmt Wind, um in Anlehnung des Windes schnell zur Beute zu gelangen, das Stück aufzunehmen und es dem Führer zu bringen. Welches Stück Wild der Jagdhund nun seinem Führer zuträgt, das geschleppte oder das ausgelegte Stück Wild, ist für die Beurteilungsnote belanglos. Wichtig ist, daß der Jagdhund dem Führer die Beute willig und freudig zuträgt. Der Jagdhund muß sich beim Führer korrekt hinsetzen und auf Kommando „Aus!" das gebrachte Stück Wild sauber loslassen. Manche der Jagdhunde kommen nicht gerne mit der gefundenen Beute zum Führer zurück. Bei dieser Beobachtung muß der Führer schnell ein paar Schritte oder auch mehr zurücklaufen. Jeder führige Hund läuft hinter seinem „Leithund" hinterher. Nach Erfolg sollte es wie immer Lob und Leckerli geben.
Macht der Jagdhund die erste Schleppenarbeit zufriedenstellend, kann die zweite und weitere entsprechend länger und schwieriger gezogen werden. Die Länge, der **Schwierigkeitsgrad** und die Einarbeitung der Schleppe darf je nach Kondition des Hundes bis 400 m und mehr sein. Je schwieriger die Bedingungen bei der Schleppe waren, desto leichter hat es der Jagdhund bei der Prüfung und bei der späteren Jagd. Denn bei der **Prüfung** ist die Schleppwildlänge für Haarwild nur 300 m und für Federwild 150 m. Außerdem werden auf der Schleppwildlänge zwei stumpfwinkelige Haken eingefügt. Bei der *Einarbeitung der Schleppe* sollte man jedoch mit rechtwinkeligen Haken üben, damit der Jagdhund in seinem Finderwillen bzw. -eifer die Schleppspur überläuft und im kleinen oder großen Bogen (bögeln) wiederfindet. Hier zeigt sich dann auch der Finderwillen des Hundes.
Auch der Hase kann Haken schlagen oder die gleiche Spur zurücklaufen, d.h. man sollte auch **jagdnah üben mit einer rückwärts gezogenen Schleppe.**

Einarbeitung der Schlepparbeit mit Kaninchen und Federwild

Die Entfernung wird in Schritten abgetreten.
Ein Schritt = ca. 0,6/ 0,7 m je nach Körpergröße.

Zeichnung:

o E = Ende der Schleppe

Erste Schlepparbeit: Der Schleppenzieher geht mit dem Stück Wild in gerader Richtung 30 Schritte nach vorn. Sonst wie schon beschrieben.

Zweite Schlepparbeit: Wie vor, jedoch 50 bis 80 Schritte.

Dritte Schlepparbeit: Wie vor, jedoch 100 bis 200 Schritte.

Δ A = Anfang der Schleppe

Vierte Schlepparbeit: wie vor, jedoch den ersten 90°-Winkel nach 100 bis 200 Schritten + 50 Schritte zur Seite. Ein flotter Hund überläuft in seinem Eifer den rechtwinkeligen 90 °Haken. Er merkt aber schnell, daß er nicht mehr auf der Schleppspur ist. Also kreist er ein- bis zweimal, bis er die Spur wieder hat. Durch diese Arbeit wird der Finderwillen des Hundes gefördert und gefestigt.

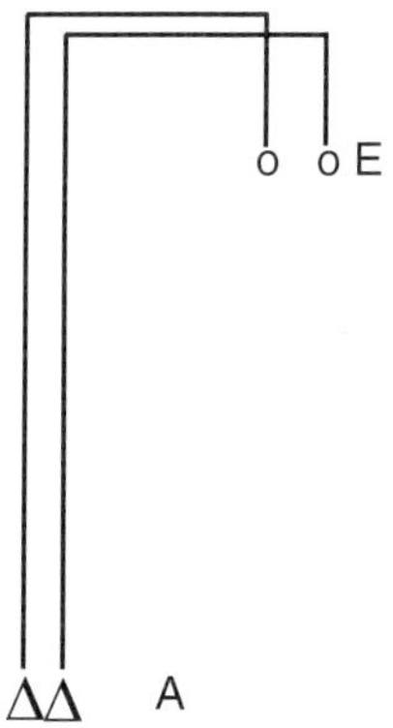

Fünfte Schlepparbeit: wie vor, jedoch den ersten 90°-Winkel nach 200 Schritten + 100 Schritte zur Seite, jetzt den zweiten 90°-Winkel + 50 Schritte.
Die nächstgezogene Schleppe 15 Schritte parallel von der erst gezogenen Schleppe, dann 85 Schritte auf der bereits gezogenen + 15 Schritte, dann den zweiten 90° -Winkel + 50 Schritte. Der Hund muß jetzt lernen, die neu gezogene Schleppe von der alten Schleppe zu unterscheiden.

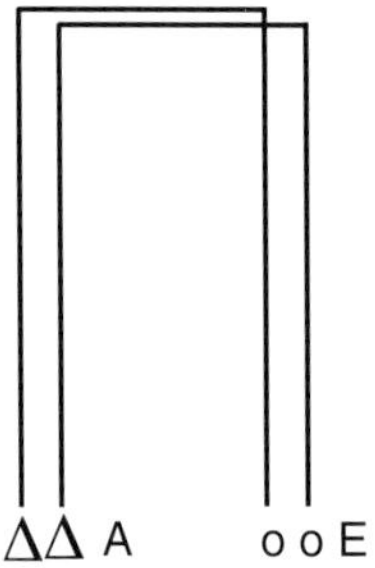

Sechste Schlepparbeit: Wie vor, jedoch, andere Längen: 200 Schritte nach vorn, 90°-Winkel, 200 Schritte zur Seite, 90°-Winkel, 200 Schritte zurück. Die nächstgezogene Schleppe 15 Schritte parallel von der erstgezogenen Schleppe, dann 185 Schritte auf der bereits gezogenen + 15 Schritte. Dann den zweiten 90°-Winkel + 200 Schritte zurück.Die nächstgezogene Schleppe wieder 15 Schritte parallel neben der erstgezogenen Schleppe wie vorher beschrieben, jedoch mit 200 Schrittlängen.

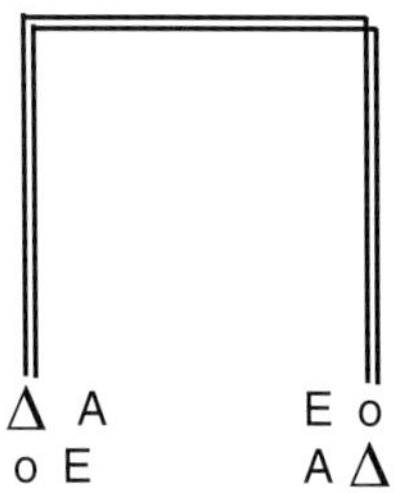

Siebente Schlepparbeit: wie vorher beschrieben, mit 200 / 200 / 200 Schrittlängen; jedoch die zweitgezogene Schleppe wird rückwärts auf der erstgezogenen Schleppe neu gezogen. Der Hund lernt die neu gezogene Schleppe von der alten Schleppe zu unterscheiden .

Achte und neunte Schleppe: wie geübt und zur Festigung die zehnte Schleppe wie vorher, **jedoch ohne Wildschleppe**. Das Wild wird hochgehoben. Am Ende der Schrittlängen wird das getragene Wild auf den Boden gelegt, wie schon beschrieben. Der Hund wird angesetzt: Er stürmt nach vorn, er arbeitet die getretene Bodenverwundung aus. Der Hund nimmt das ausgelegte Wild auf und bringt es seinem Führer. Hiermit ist bewiesen, daß der Hund mit seiner Nase die getretene **Bodenverwundung** ausarbeitet. Sehr oft überläuft der Hund das zuerst ausgelegte Stück Wild. Er kommt zum Schleppenzieher und bringt das zweite ausgelegte Stück Wild.
Man kann kreuz und quer gehen; der Hund geht immer die Bodenverwundung nach vorn. Warum das so ist, bleibt wahrscheinlich für uns Menschen immer ein Rätsel.

Außerdem sollte man immer wieder üben, wie es auch in der *Praxis vorkommt;* denn der Hase läuft nicht immer über Bewuchsfelder, sondern auch über Straßen, durch Gräben und Gebüsch, über Stoppelfelder und trockene Böden. Also heißt es für jeden Führer, mit seinem Jagdhund zu üben, zu üben und nochmals zu üben. Durch die Beschaffenheit des Geländes oder durch geeigneten Sichtschutz (Gebüsch, Strohballen, Hinlegen des Führers) muß sichergestellt sein,

daß der Jagdhund spätestens ab ca. 50 m Entfernung ohne Sichtverbindung zum Führer arbeitet.
Für die Einarbeitung der Schlepparbeit braucht der Jagdhund in der Regel 10 Wochen Gruppenarbeit. Wenn man in einer guten Gruppe ist und jeder abwechselnd das Schleppwild zieht, vergehen die Stunden und Wochen wie im Fluge.
Da der Jagdhund nach der entstandenen **Bodenverwundung,** die durch den Schleppenzieher entstanden ist, dessen Spur nachgeht und weniger den Geruchsdüften des Wildes, ist es wichtig, daß der Führer immer einen Kollegen hat, der für ihn das Schleppwild zieht.
Auf die Besonderheit der Bodenverwundung wird im Kapitel „Schweißarbeit" noch einmal näher eingegangen. Beweisen können wir die Eigenart der Bodenverwundung, indem der Schleppenzieher beim Gehen kein Wild hinter sich herzieht, sondern das Schleppwild hochhält und am Ende das Stück Wild hinlegt. Nach intensiver Einarbeitung macht jeder Jagdhund eine sehr gute Schlepparbeit.

11.0 INTENSIVE FÖRDERUNG DES JAGDHUNDES - durch Such- und Bringübungen -

Praxisgerechte Freiverlorensuche von Federwild, Kaninchen und Füchsen.

Die Suchübungen finden in hohen, deckungsreichen Revieren statt, z.B. in Mais- und Rapsfeldern sowie in Rübenschlägen. Das Feld sollte nicht unter 80 m breit sein.
Von einem Helfer wird in ca. 30 m Entfernung ein totes Beutestück in das Feld geworfen. Der Jagdhund darf diese Arbeit nicht sehen und nicht hören. Danach geht der Führer mit seinem Hund an den Rand des Feldes.

Der Jagdhund hat inzwischen gelernt, daß Platzmachen gut für ihn ist; denn in der Regel kommt das Wort „Voran!“ mit ausgestrecktem Handzeichen bald danach. Der Hund wartet schon darauf, loszustürmen. In Anlehnung des Windes sucht der Jagdhund das ihm gezeigte Feld ab. Diese Suchübungen dürfen erst dann begonnen werden, wenn die vorangegangenen Schlepp- und Bringarbeiten hundertprozentig erfolgreich waren. Von den vorausgegangenen Bringübungen weiß der Jagdhund, daß er immer belohnt wurde, sobald er das Beutestück seinem Führer und Leithund zugetragen hat. Die zu erwartende Belohnung treibt den Jagdhund sehr schnell zu seinem Führer.

12.0 EINEN HUND, DER EIN GEFUNDENES STÜCK WILD FINDET UNDVERBUDDELT, BEZEICHNET MAN ALS „TOTENGRÄBER“

Jedes Lebewesen, so auch der Hund, ist von Natur und Veranlagung her genetisch so vorprogrammiert, daß für ihn das Futter zum Überleben gehört. Eichhörnchen und Hamster sammeln Wintervorräte. Hat der Jagdhund Futter im Übermaß, sagt sein Instinkt: „Ich muß Futter für schlechte Zeiten verstecken und eingraben“. Ein Jagdhund, der vorher nicht das freudige Bringen der Beute (z.B. Kaninchen, Fasan) gelernt hat, wird sich auf seinen Urtrieb besinnen und die Beute verbuddeln, statt mit ihr zum Führer zu kommen. Dieses Stück Wild wird vom Hund so geschickt verbuddelt und verblendet, daß es in den meisten Fällen nicht wiederzufinden ist. (Verblenden =vom Hund so geschickt getarnt mit Erdreich, Blätter, Gras, Schnee oder dergleichen). Eine Bestrafung des Hundes ist hier nicht angebracht, weil der Hund nicht weiß, was er falsch gemacht hat. Stattdessen muß der Führer mit einem satten Hund die gleiche Übung wiederho-

len, nur mit dem Unterschied, daß er an das Stück Wild eine ca. 30 m lange, gut sichtbare Schnur anbindet. Diese Suchübung mit einem satten Hund und der Schnur wird so oft wiederholt, bis der Hund ohne das Stück Wild zurückkommt. Nun nimmt der Führer seinen Hund an die Leine und bestraft ihn mit dem Wort „Pfui!“ Er geht Schritt für Schritt an der sichtbaren Schnur entlang und sagt immer wieder zu dem Hund „Pfui, Pfui, Pfui!“ Am verbuddelten Ende läßt man den Hund das Stück ausgraben, d.h. man hilft dem Hund, das Stück Wild mit den Vorderpfoten vom Erdreich frei zu machen. Dann faßt man den Hund am Nackenfell und schüttelt ihn kräftig hin und her. Diese Bestrafung ist für den Hund unangenehm; er merkt sich dieses und wird in Zukunft das Wild dem Führer zutragen.Nachdem der Jagdhund das Wild aufgenommen hat, wird er ausgiebig gelobt.
Die nächste Frei-Verlorensuche übt man mit einem hungrigen Hund. Bei Erfolg bitte das Loben nicht vergessen!

13.0 DERVORSTEHHUND RETTET DIE FASANENHENNEN UND JUNGHASENVOR DEM KREISELMÄHERTOD

Ein sehr gut trainierter Vorstehhund mit ausgeprägter Nase und excellentem Finderwillen und weiter Suche, kann Hunderte von Fasanenhennen und Junghasen vor dem sicheren Kreiselmähertod retten. Im Frühjahr, in den Monaten Mai/ Juni, brüten die Fasanenhennen, und die Junghasen drükken sich in den hohen Grasfeldern. Die Landwirte rüsten für die Ernte. Jetzt ist die Zeit gekommen, wo die Hundeführer die Landwirte ansprechen sollten, bzw. müßten, ob sie als Führer mit ihren Vorstehhunden die Fasanengelege und Junghasen aufspüren dürfen. Die brütende Fasanenhenne verteidigt ihre Eier so sehr, daß sie vor den herannahenden Krei-

selmähern nicht aufsteht, bzw. abstreicht. Der Kreiselmäher erfaßt somit die Fasanenhenne und ihr Gelege in Sekundenschnelle. Dieses ist der sichere Tod vieler Fasanenhennen und der sich drückenden Junghasen im Frühjahr.
Wenn ein Vorstehhund die Henne mit ihrem Gelege gefunden hat, zeigt er diese Stelle an und steht fest vor dem Wild. Ebenso macht er es bei den gefundenen Junghasen. Der Führer kann dann hingehen und die Henne oder den Junghasen herausscheuchen. Die Fasanenhenne streicht ab. Der Führer nimmt die Eier aus dem Gelege und läßt diese von der künstlichen Brutmaschine oder von Zwerghühnern ausbrüten.
Die Fasanenhenne nimmt dieses Gelege nicht wieder an und macht sich stattdessen ein neues Nest in einem anderen Feld. Der Landwirt kann nun in Ruhe sein Gras mähen.
„Hilf mit, Fasanen und Junghasen vor dem Tod zu retten!“

14.0 AUSZUG AUS DEN RICHTLINIEN DER BRAUCHBARKEITSPRÜFUNG FÜR NACHSUCHEN AUF SCHALENWILD

(Landesjägerschaft Niedersachsen)
- Entwurf vom 20.06.1995 -

Bestimmungen für die Arbeit auf der künstlichen Schweißfährte

Vorbereiten der Schweißfährten.
Die Fährten sind im Wald zu legen. Bei Geländeschwierigkeit ist es gestattet, die Fährten bis zu einer Länge von 50 m auf freiem Gelände beginnen zu lassen. Die Entfernung zwischen den einzelnen Fährten muß überall mindestens 100 m betragen. Außerdem dürfen sie nicht an aufeinander folgenden Tagen in demselben Gelände gelegt werden.

Der Beginn der Schweißfährte ist durch eine Markierung mit der Aufschrift 'Fährte Nr. ..., gelegt um ..... Uhr' kenntlich zu machen. Die Fährte muß mindestens 400 m lang sein und soll auf den ersten 50 m in annähernd gleicher Richtung verlaufen. Sie muß im weiteren Verlauf zwei stumpfwinklige Haken und zwei Wundbetten aufweisen. Die Wundbetten sind durch leichtes Festtreten des Bodens, Schnitthaar und etwas vermehrten Schweiß als Pirschzeichen kenntlich zu machen. Weitere Markierungen dürfen nicht erfolgen. Das Festlegen des Fährtenverlaufs und das Legen der Fährte erfolgt in einem Arbeitsgang. Ein Prüfer der betreffenden Gruppe muß am Legen der Fährte teilnehmen und hat den Fährtenverlauf zu dokumentieren. Beim Legen der Fährte darf vom Prüfer und seinem Gehilfen jeweils nur von einer Blutspur ausgegangen werden, und zwar nur vom Anschuß zum Stück. Der Fährtenleger muß stets als Letzter gehen. Die Schweißfährten können im Tupf- oder Tropfverfahren hergestellt werden. Die Benutzung von Fährtenschuhen ist zulässig. Für die Fährte darf nicht mehr als 1/4 ltr. Wildschweiß oder frisches Haustierblut (Rind/Schaf) bzw. eine Mischung aus Wildschweiß und Haustierblut verwendet werden. Chemische Zusätze zum Frischhalten von Schweiß sind nicht gestattet. Zulässig ist jedoch Schweiß, der im frischen Zustand tiefgekühlt wurde. Der Schweiß, bzw. das Blut muß auf allen Fährten der Prüfung gleich sein.

Die Schweißfährten müssen über Nacht stehen. Am Ende der künstlichen Fährte soll ein Stück Schalenwild frei abgelegt werden. Ist dies nicht verfügbar, kann an seiner Stelle die Dekke (Haarkleid, behaarte Haut beim Schalenwild) oder Schwarte (Haarkleid, behaarte Haut beim Wildschwein) von einem Stück Schalenwild verwendet werden. Danach muß sich der Wildträger vom aus- gelegten Stück entfernen und sich so verbergen, daß er bei der nachfolgenden Arbeit weder vom Führer noch vom Hund wahrgenommen werden kann.

Die im Zusammenhang mit der Prüfung eingesetzten Fahrzeuge sind so abzustellen, daß sie vom Führer während der Fährtenarbeit nicht gesehen werden können.

14.1 Durchführung der Schweißarbeit

Für die Schweißarbeit ist eine Schweißhalsung zu verwenden. Diese ist an einem mind. 6 m langen, voll abgedockten Schweißriemen durchzuführen. Die Schweißhalsung soll locker anliegen und darf nicht drücken. Ein breiter Lederschweißriemen mit Wirbel von mind. 6 m Länge ist vorteilhaft. Jedoch werden immer mehr Lederschweißriemen durch rote oder gelbe Pferdelongen ersetzt. Diese Schweißriemen sind besser zu erkennen und nicht so pflegebedürftig. Für die *Riemenarbeit, bei der alle drei Prüfer dem Hund folgen müssen, ist von besonderer Bedeutung, wie der Hund die Schweißfährte hält. Er soll ruhig, konzentriert und zügig, aber nicht im stürmischen Tempo arbeiten. Der Hundeführer darf den Hund vorübergehend anhalten oder ablegen, um selbst nach Pirschzeichen zu suchen. Er darf den Hund auch durch Vor- und Zurückgreifen oder durch sonstige Hilfen unterstützen. Nur in diesen Fällen sollen die Prüfer stehenbleiben. Sie dürfen aber niemals warten, wenn sie feststellen, daß der Hund von der Fährte abgekommen ist, ohne daß der Führer es merkt. Vielmehr müssen die Prüfer auch in einem solchen Fall dem arbeitenden Hund folgen. Die Prüfer sollen den Hundeführer nur dann korrigieren, wenn er an dem Benehmen seines Hundes nicht erkennt, daß der Hund seine Ansatzfährte verloren hat. Bei der Riemen-

*Riemenarbeit = ist im Gegensatz zur freien Suche die Sucharbeit nach dem verlorenen Stück am 6 m langen Riemen, so daß der Hund sich nicht weiter als 6 m vom Führer entfernen kann.

arbeit darf der Hund zweimal zurückgenommen und neu angelegt werden. Zum erneuten Anlegen haben die Prüfer den Führer zum letzten von ihm gemeldeten Pirschzeichen zurückzuführen. Als erneutes Anlegen gilt nur das Zurücknehmen des auf eine Länge von 60 - 80 m von der Fährte abkommenden Hundes durch die Prüfer. Korrigiert der Hundeführer seinen Hund, so gilt dies nicht als erneutes Anlegen. Ein Hund, der bei der Riemenarbeit öfter als zweimal weit abgekommen ist und von den Prüfern zurückgenommen wurde oder seinen Führer nicht zum Stück gebracht hat, kann die Prüfung nicht bestehen.

Weitere Schweißprüfungen

1. Verbandsschweiß-Prüfung (VGP) - Länge der Schweißfährte 400 m - 1/4 Liter Schweiß.
2. Verbandsschweiß-Prüfung/ Stehzeit der Fährte 20 Std., Länge der Fährte 1000 m - 1/4 Liter Schweiß.

15.0 JAGDHUNDEEINSATZ UNTERTIERSCHUTZ-ASPEKTEN.TIERSCHUTZ GEHÖRT ZUR WAIDGERECHTIGKEIT

Beim Tierschutz ist darauf zu achten, daß alle Jäger hier einc **Vorbildfunktion** ausüben müssen. Dressurhilfen sind nur einem begrenzten Benutzerkreis mit entsprechender Sachkentnis vorbehalten. Dringend angeraten wird, die Erkenntnisse der Verhaltensforscher über die Lernschritte und Lernphasen der Hunde in die Jägerschaften und Hundeausbilder hineinzutragen und sich gleichzeitig entschieden von Personen mit tierquälerischem Verhalten zu distanzieren. Eine eventuell erforderliche nachlässige Nachsuche kann gegebenenfalls als fahrlässiger Verstoß gegen das Tierschutzgesetz gewertet werden. Das Nachsuchengespann (Hund

und Führer) muß körperlich fit sein. Außerdem muß die nötige erforderliche Nachsuchenpraxis vorhanden sein. Vor Ort müssen die Nachsuchengespanne verstärkt aus- und fortgebildet werden. Weitere Informationen erhalten Sie bei den „Öffentlichen Kreisjägerschaften“ oder bei den „Landesjägerschaften“.
Ein ausgebildeter Schweißhund muß jährlich 30 - 60 jagdnahe (im Wald) ausgelegte Schweißfährten trainieren, um durch ständiges Üben den Leistungsstand zu erhalten. Der Schweißhund muß stets einsatzbereit und fähig sein, die Wundfährte auszuarbeiten. Die Nachsuche auf Rehe ist bedeutend schwieriger als auf Sauen und Hirsche. Die minimale **Bodenverwundung** beim Reh sowie die Eindringtiefe der Schalen in das Erdreich ist wesentlich geringer. Die Fluchtfährte beim Reh kann im großen Bogen verlaufen, weil es ein geringes Herz-Lungen-Volumen hat.
Die Fluchtfährte bei Sauen und Hirschen dagegen kann direkt in gerader Richtung kilometerweit führen. Hier kann es zweckmäßig sein, den **Schweißhund-Spezialisten** einzusetzen. Bei Ermüdungserscheinungen dieses Schweißhundes sollte ein neuer ausgeruhter Schweißhundspezialist eingesetzt werden.
Es ist möglich, daß ein todkrank geschossenes Stück (Äser, Niere, Laufverletzung) wenig oder fast keine Schweißspuren erkennen läßt. Deshalb muß auch der Schweißhundspezialist mit seiner gut eingearbeiteten Nase die Fährte erkennen, die nur vom Abrieb der Schalen die Eindringtiefe und die Bodenverwundung ausmacht. Um den Schweißhund jagdnah einzuarbeiten, ist es unerläßlich, ihn mit dem *Fährtenschuh auf Übernachtfährten zu trainieren.
Führen Sie nie eine Nachsuche bei Nacht durch! *Vertrampeln Sie nie den Anschuß oder die Wundfährte! Hierdurch*

* Fährtenschuh = doppelt gearbeiteter Schuh (Siehe Kap. 17.0 und 21.0 und Bildteil Nr. 113).

ensteht eine neue Bodenverwundung, und es wird dem Schweißhundspezialisten unmöglich gemacht, die alte Wundfährte aufzunehmen und auszuarbeiten.

Durch erschwerte Trainings- und Übungsarbeit werden höhere Leistungen erzielt

Es ist praktisch ein Phänomen, bzw. ein Wunder, daß ein Schweißhund, der gut auf Wundfährten eingearbeitet ist, die Wundfährte, die keinen Tropfen Schweiß zeigt, bzw. über Asphaltstraßen, bzw. Gräben führt, einwandfrei ausarbeiten kann. Es ist für uns Menschen ferner unbegreiflich, daß der Schweißhund die ihm einmal gezeigte angesetzte Fährte beibehält, obwohl andere frische Fährten die Wundfährte kreuzen. Ein gut ausgebildeter, trainierter Schweißhund läßt sich von einer einmal angesetzten Schweißfährte und deren Individualwitterung, bzw. von deren Gerüchen nicht beeinflussen. Auch ein Polizeihund arbeitet auf Bodenverwundung. Er nimmt die Duftmoleküle, die durch den Abrieb vom Schuhwerk und Bodenaufwirbelung enstehen, auf.
Allerdings wird die Riechleistung der Schweißhunde sehr stark von der Witterung beeinflußt. Bei starkem Nebel, bzw. bei Regen werden die Riechsensoren durch den Dunst beaufschlagt und durch den Wasserbelag beeinträchtigt. Bei trokkener Hitze dagegen werden die Riechsensoren nicht genügend aktiviert. Bei Schnee und Eiswitterung lösen sich die Duftmoleküle sehr schlecht von der Bodenverwundung. Sie werden konserviert und können schlecht oder gar nicht wahrgenommen werden. Ferner wird bei Tau und bei Nacht keine Nachsuche durchgeführt.
Die Nachsuche ist eine Teamarbeit zwischen Hund und Führer. Jeder ist auf den anderen angewiesen. In der Nacht bei Nebel und Tau kann der Führer nicht erkennen, ob der Hund noch richtig in der Ausarbeitung der Wundfährte liegt.

Ob er richtig ist, zeigt sich an den Pirschzeichen, wie umgeknickte Grashalme, Büschel, Erdreich, Schweißtropfen usw. Hund und Führer müssen sich unter Umständen Meter um Meter zum todkranken Stück vorarbeiten.
Auf keinen Fall darf nachts mit einer Taschenlampe nachgesucht werden, da die kleinsten Pirschzeichen nur bei ausreichendem Licht zu erkennen sind. Im übrigen muß so schnell wie möglich nachgesucht werden, um das verletzte Tier von unnötigen Qualen und Leiden zu erlösen. Auch aus hygienischen Gründen soll ein verendetes Stück möglichst schnell gefunden werden, da sich im Wildkörper die vorhandenen Bakterien rasch vermehren. Dieses kann dann wiederum zur Minderung der Fleischqualität führen und wäre ein beträchtlicher volkswirtschaftlicher Schaden.

15.1 Schweißhundespezialisten in Gruppen

In der Vergangenheit war man der Auffassung, in jeder Jägerschaft sollte eine Schweißhundstation mit drei Schweißhunden unterhalten werden. Nach neuen Erkenntnissen überwiegt die Überzeugung, möglichst in Gruppen Schweißhundespezialisten und Nachsuchengespanne zur Verfügung zu stellen. Der Vorteil liegt auf der Hand: Es stehen zu jeder Zeit mehrere Nachsuchengespanne, in zwei oder drei verschiedenen Revieren ein Spezialist sowie ein Schweißhund mit Führer zur Verfügung.
Durch die Medien ist die Sensibilität der Bevölkerung in den letzten Jahren beträchtlich gestiegen. Nur wenn die Jägerschaft mit allen Mitteln versucht, dem Tierschutz gerecht zu werden, wird dieses auch von der Bevölkerung akzeptiert.
Jeder Schweißhundeführer sollte sich ständig weiter aus- und fortbilden
Hier werden Lehrgänge vor Ort, bzw. auch Lehrgänge im Jägerlehrhof in Springe empfohlen. Dort werden unter ande-

rem auch an Exponaten die anatomischen Aufbauten des Wildes, bei einem Schuß die Schußwirkung, An- und Ausschußverletzungen gelehrt. Die so ausgebildeten Spezialschweißhundeführer schaffen sich in der Bevölkerung durch ihre Vorbildfunktion großes Vertrauen. Bereits am Anschuß zeigt sich der Meister. Es ist wichtig, daß sich der Schweißhundeführer die nötige Zeit nimmt, den Anschuß sorfältig zu untersuchen. Bereits hier muß die Diagnostik genau gestellt werden. Hierzu gehört auch ein weißes Papiertuch, eine Lupe und eine Pinzette. Manchmal muß der Schweißhundeführer wie ein Detektiv arbeiten. Er muß nach den kleinsten Spuren der kleinsten Verletzung suchen, um daraus dann die weiteren Schlüsse zu ziehen. Außerdem muß festgestellt werden, welche Fluchtrichtung das Wild genommen hat, bzw. welche Tropfenform zu erkennen ist (O> = Fluchtrichtung). Auch der Schweißhund sollte fast jeden Tropfen Schweiß richtig verweisen (= anzeigen).

15.2 Verhalten des Schützen nach dem Fehlschuß

Oft kann sich der Schütze nicht genau erinnern, wo er gestanden hat und wo das Wild stand. Der Schütze muß sich unbedingt ein Hilfsziel für den Anschuß einprägen. Der Anschuß und der Standplatz müssen dauerhaft markiert werden. Hier ist nach meiner Meinung die alte Ausbildungsmethode reformbedürftig. Es wurde gelehrt, daß nur der Hauptbruch einseitig armlang befegt sein soll (befegt = die Rinde abschälen). Viel wichtiger ist das sofortige Markieren des Standortes, an dem das Wild beim Schuß stand. Besonders in Waldgebieten mit Unterholz ist es von großem Vorteil, wenn am Anschuß ein rundum befegter, also gut sichtbarer Bruch von der anderen Umgebung hervorgehoben wird. Das Nachsuchengespann, Hund und Führer, können dadurch sicherer zum Anschuß gebracht werden. Nun muß der Schütze erst die Ruhe be-

wahren und nicht zu früh zum Anschuß gehen. **Er sollte zuerst den Standbruch, den Anschußbruch und die Fluchtrichtung verbrechen. Keine neue Bodenverwundung hinzufügen und nicht herumtrampeln!**
Der Schütze muß erkennen können, welcher Schuß angetragen wurde (Kammerschuß, Herz, Leber, Niere, Lauf, Äser), bzw. mit welchem Kaliber geschossen wurde. Nicht immer ist Schweiß zu finden, oft nur wenig oder überhaupt nicht, wenn Wildbret und Decke den Ausschuß verschlossen haben. Deshalb nochmals der Rat: *das Wundbett und die Wundfährte nicht zertreten, bzw. durch Herumlaufen und -suchen verschleppen.* Alle Pirschzeichen, wie Knochensplitter, Haarrisse sowie sonstige Teile vom Wildkörper müssen am Anschuß verbleiben. Der Schütze muß sich ferner einprägen, wie sich das Wild beim Kugeleinschlag verhalten hat. Welcher Schweißhund und welcher Spezialist muß geholt werden? Bei Lauf-, Äser- und Nierenverletzungen sind besonders erfahrene Schweißhunde erforderlich.
Hunde, die noch keine Schweißwundfährten-Erfahrung haben, dürfen nicht zum Einsatz gebracht werden.
Mit der Nachsuche darf erst am nächsten Morgen begonnen werden. Für die Nachsuche ist vom Schützen und Schweißhundführer die dafür **erforderliche Zeit mitzubringen.** Der Schweißhund muß bis zum Stück am langen Riemen begleitet werden. Wie es zum verletzten Tier geht, weiß nur der Schweißhund. Im Zweifelsfall hat der gut ausgebildete Schweißhund immer Recht. Totverbeller* und Bringselverweigerer haben sich in der Praxis nicht bewährt und sind hierfür nicht brauchbar. Der Schweißhundführer sollte über anatomische Kentnisse verfügen und muß erkennen können, welches Stück Schalenwild beschossen worden ist.

***Totverbeller** ist ein Hund, der durch Freisuche zum Wild findet und durch Bellen dem Führer kundtut, daß er das tote Wild gefunden hat.

15.3 Folgende Fragen sollte ein Schweißhundführer beantworten können:

1. Wo ist der Kugeleintritt und wo der Kugelaustritt Ausschuß?
2. Welche Ausrisse sind im und am Wundbett? Ist der Anschuß zu erkennen?
3. Welche Absplitterungen sind zu finden?
4. Ist Rißhaar zu finden und von welchem Körperteil?
5. Welche Farbe hat der gefundene Schweißtropfen?
6. Welche Knochensplitter, Laufknochen von welchem Körperteil?
7. Wie sind evtl. gefundene Geschoßteile zu bewerten?
8. Wie sind evtl. gefundene Trophäenteile zu beurteilen?
9. Wie sind evtl. gefundene Pansen oder Waidlochteile zu bewerten?
10. Wurden Teile vom großen oder kleinen Gescheidetracht, Drossel, Schlund oder Keule gefunden?
11. Wurden eventuelle Zahnteile gefunden?

Wichtig ist, daß jeder Schuß nachgesucht wird

Im Buch 'Das Deutsche Waidwerk' von F. von Raesfeld, finden Sie auf Seite 416 die hauptsächlichen Schüsse sowie deren Schußeinwirkungen.

(Schußwirkung)

1 Mittelhoher Blattschuß, hoher Lungenschuß: meist wenig Schweiß von hellroter Farbe, schaumig neben der Fährte liegend, selten beim Ausatmen durch das Geäse (Maul) nach vorn gespritzt. Oft schweißen (bluten) solche Schüsse gar nicht. Diese Feststellung ist bei Schnee möglich. Der erste Schweiß ist wenige m vor dem verendeten Wild.

2 Tiefer Blattschuß, Lungenschuß: Auf dem Anschuß oft von der Kugel herausgerissene Lungenteilchen, nebst einigen Spritzern Schweiß. Nach 10 bis 15 m zu beiden Seiten der Fährte viel hellorangeroter, feinblasiger, schaumiger Schweiß.

3 Tiefer Blattschuß, tiefer Herzschuß: Schweiß sehr dunkel zu beiden Seiten der Fährte oft mit großen Blasen, aber nicht schaumig. So getroffenes Wild schweißt schon oft vom Anschuß an oder drei bis vier Meter entfernt.

4 Leberschuß: Schweiß beginnt 15 bis 20 Schritte entfernt vom Anschuß, ist rotbraun und liegt in Tropfen zu beiden Seiten der Fährte. Häufig sind Leberteilchen

darin enthalten, die sich grießig anfühlen. Im Zweifel entscheidet der Geschmack mit Sicherheit, ob Leberschuß vorliegt.

5 Waidwundschuß durch das große*(1) Gescheide, oder (2) den Pansen: Sehr wenig ganz heller dünner Schweiß, nach 10 bis 20 m mit dem grünlichen oder bräunlichen Inhalt des Pansen,*(3) Waidsackes, vermengt, der meist größer ist als der des kleinen Gescheides, so daß der Schweiß eine schmutzige Färbung erhält. Ist die sehr blutreiche Milz getroffen, so fällt der Schweiß in dicken dunklen Tropfen neben der Fährte.

6 Flanken- oder Flämenschuß: Schuß durch das*(4) kleine Gescheide: Wenig Schweiß, oft mehr grünlich als rötlich, mit grünlichem Gescheideinhalt vermischt, neben der Fährte liegend, in einzelnen Tropfen. Bei den Waidwundschüssen ist der Geschmack entscheidend wie beim Leberschuß.

7 Nierenschuß: Schweiß dunkelrot, liegt in dicken Tropfen neben der Fährte, jedoch oft in weiteren Abständen. Sehr oft fehlt der Schweiß gänzlich, weil er sich im Innern der Bauchhöhle befindet, oder vom Haar aufgesogen oder von der Decke verschlossen wird.

8 Keulenschuß: Wildbretschuß, anfangs reichlich, später nachlassend. Der Schweiß liegt in der Fährte.

9 Laufschüsse, Knochenschüsse: Schweiß anfangs reichlich; die Farbe des Wildbretschweißes? Bei hohen Laufschüssen liegt der Schweiß in der Fährte. Je tiefer die Kugel sitzt, desto weiter wird der Schweiß zu beiden Seiten der Fährte umhergespritzt. Später finden sich wenige Tropfen in der Fährte.

10 Schuß durch das Geäse durch den Ober und Unterkiefer: Durch den Speichel verdünnter, blasser, schleimiger Schweiß, in langen Fäden zu beiden Seiten der Fährte. Man sagt das Wild „sabbert".

11 Schuß durch die*(5) Drossel: Schweiß von der Farbe des Wildbrettschweißes, falls die Lunge nicht mitverletzt wurde, doch hat der Schweiß große Blasen und liegt in Fluchtrichtung. Durch die Ausatmung wird der Schweiß gewaltsam herausgestoßen. Dadurch liegt er reichlich, aber sehr weit von der Fährte.

12 Schuß durch den Schlund: Sehr wenig Schweiß, mit grünlichem Inhalt des Schlundes untermischt, von schmutziger dunkler Farbe, in der Fährte liegend. Alle guten und bald tödlichen Schüsse schweißen zu Anfang weniger, außer dem tiefen Herzschuß, der sofort und viel schweißt; dann aber mehr und anhaltend. Die Wildbret-, *(6) Krell-, und Laufschüsse schweißen anfangs stärker, dann weniger, um schließlich gänzlich aufzuhören. Schweiß, der an Baum und Strauch, Halm und Zweig abgestreift wird, läßt meist einen sicheren Schuß auf die Höhe der Kugel zu. Die aufgeführten Arten des Schweißes er-schöpfen selbstverständlich nicht alle Möglichkeiten, die bei der Verwundung des Wildkörpers auftreten können.

(1) Gescheide = Eingeweide (Magen Darm).
(2) Pansen = (mit anhängendem Blätter-, Netz und Labmagen).
(3) Waidsack = (Magen, Dickdarm, After, am Gedärm verwundet).
(4) kleines Gescheide = Gedärm (dazu auch Harn und Geschlechtsorgane).
(5) Drossel = (Luftröhre des Wildes).
(6) Krellschuß = Streifschuß

Haftpflichtversicherung :
Jeder Schweißhundeführer sollte sich bei seiner Jagdhaftpflichtversicherung erkundigen, ob er in jedem Fall, bei jeder Nachsuche sowie auch in der Nachbarjagd genügend versichert ist. Der Schweißhundführer muß stets eine Waffe mit sich führen. Mit dem angebrachten Fangschuß auf das gefundene Wild darf nicht gewartet werden.

Zur Verdeutlichung und zum besseren Verständnis der guten Nase unseres Hundes

Der Hund ist in der Lage, ca. 5 Millionen Düfte zu unterscheiden. Ein Mensch mit einer sehr guten Nase unterscheidet nur ca. 500 Düfte. Diese Unterscheidungsfähigkeit vom Hund muß ständig geübt und trainiert werden. Sein Riechorgan hat eine Sensorenoberfläche von ca. 15 qcm.

Notizen:

16.0 PRAXISGERECHTE STUFENEINARBEITUNG DES SCHWEISSHUNDES AUF KÜNSTLICHER SCHWEISSFÄHRTE (von 50 - 400 m)

Das Nachsuchengespann, d.h. Hund und Führer, muß körperlich fit sein. Bei der Schweißarbeit - Nachsuche auf Schalenwild - ist der Führer auf die freiwillige Mitarbeit seines Jagdhundes (d.h. das 'Finden-wollen von Beute') voll und ganz angewiesen. Die Nachsuche muß dem Hund so richtig Freude und Spaß machen und muß dem Hund auch im wahrsten Sinne schmackhaft gemacht werden. Jeder Führer kennt seinen Hund am besten und weiß daher, was am Ende der Fährte liegen muß. Einen hungrigen Hund interessiert oft das Futter am meisten. Daher kann man gut die übliche Tagesration Lieblingsfutter geben.

Denken Sie immer daran: Jeder Hund ist ein Beutejäger, und das Futter ist der Lohn für seine Arbeit.

Die Tagesration Futter wird auf oder neben eine Rehdecke oder Sauschwarte gelegt, damit der Hund das Ende der Schweißfährte als *jagdnah und außerordentlich angenehm empfindet.

17.0 DIE EINARBEITUNG AUF KÜNSTLICHER BODENVERWUNDUNG

Für das Legen der künstlichen Schweißfährte durch Tropfen, Spritzer bzw. Tupfen benötigt man immer nur 1/4 ltr. Schweiß. Es muß nicht Blut vom Wild sein, sondern es kann auch Haustierblut verwendet werden. (Auf einer Länge von 50 - 400 m jedoch auch noch bei 1000 m).

*jagdnah: der Rehdecke oder Sauschwarte haften noch Wildgerüche an.

Die Stehzeit ist die Zeit, die abgewartet werden muß, bevor der Hund auf diese Schweißfährte angesetzt werden darf. Nach der alten Auffassung ist man der Meinung, daß nach zwei Stunden Stehzeit die **Bodenverwundung** vom Hund nicht mehr wahrzunehmen ist, und der Hund würde dann nur noch mit den vom Boden ausströmenden Schweiß- und Duftmolekülen arbeiten. Nach neuen Erkenntnissen ist diese Theorie nicht haltbar und nicht praxisgerecht.

Jagdnah und praxisgerecht ist dagegen die Übernachtfährte mit dem Fährtenschuh. Eine Übernachtfährte ist am Abend vorher gelegt und wird am anderen Morgen ausgearbeitet. **Fährtenschuhe** sind Spezialschuhe mit verdickter Sohle. In diese Schuhsohlen ist in der Mitte der Fußballen eine Vertiefung von ca 3 x 6 cm. In diese Vertiefung legt man die Rehklaue oder die Schwarzwildschale. Mit Schrauben und Lasche werden die Teile an den Fährtenschuh geschraubt. Mit dem Fährtenschuh wird eine fast natürliche **Bodenverwundung** erzielt.
Der Führer kann bereits seinen Welpen, z.B. im Alter von 10 Wochen, für eine Futterschleppe interessieren. Diese Futterschleppe sollte jedoch nur kurz, ca. 30 - 50 m lang sein. Dazu nimmt man einen Pansen oder ein Lungenstück, taucht oder tropft Blut auf dieses Stück, bindet es an einen Bindfaden und zieht es hin und her. Alle 3 - 10 m legt man ein Leckerchen in diese Schweißschleppe. Am Ende der Schweißschleppe nimmt man den Hund für seine Arbeit in den Arm und lobt ihn ausgiebig. Anschließend gibt man wieder ein großes Stück Leckerchen.

Anmerkung:
Auf allen Gebieten der Schweißarbeit, ist eine noch bessere Ausbildung erforderlich. Bereits in den Jungjägerausbildungen müßten diese Erkenntnisse vermittelt werden.

18.0 GRUPPENARBEIT AUF KÜNSTLICHER SCHWEISSFÄHRTE

Was benötigt ein Schweißhundeführer, um die künstliche Wundfährte zu legen ?
Einer aus der Hundeführergruppe (bestehend aus 6 - 8 Personen) besorgt aus einer Großschlachterei einen Eimer Rinderblut (10 ltr).
Dieses Blut wird an die teilnehmenden Personen verteilt, die es wiederum in 1/4 ltr. große Plastikgefäße umfüllen und einfrieren, bis auf ein Gefäß, welches einen großen Schraubverschluß hat, damit man ohne Trichter umfüllen kann. Bewährt hat sich in der Praxis ein 1/4 ltr. Schraubglas (z.B. Früchteglas mit Deckel). Nun stellt man das Glas mit aufgeschraubtem Dekkel auf einen ebenen Boden, nimmt ein feststehendes Messer und hält die Messerspitze an den Außenrand des Metalldekkels. Dabei muß die Messerschneide zur Kreismitte des Glases zeigen. Mit einem kurzen Handschlag auf den Messergriff entsteht ein längliches, spitzes Loch von ca. 4 - 6 mm. Man sollte in den Deckel nur ein Loch stoßen, da sonst mit der ausgestreckten Schleuderarmbewegung und durch ruckartige Zurückbewegungen mit dem Glas zuviel Blut herausspritzt. Diese Spritzmethode ist die natürlichste und ist als jagdnah zu bezeichnen. Denn wenn ein Stück Wild krank geschossen ist, wird es flüchtig abgehen. Das Herz pumpt dann stoßweise das Blut den Schweiß heraus. Die Tupfmethode mit einem Stock und einem 6 cm großen Schwamm ist unnatürlich; denn kein Stück Wild, welches flüchtig ist, nimmt sich die Zeit, den Schweiß tupfenweise hinzulegen.
Innerhalb einer Woche sollte nicht mehr als eine Schweißarbeit ausgearbeitet werden, da Hund, Führer und Revier nicht überlastet werden dürfen. Den eingefrorenen Schweiß, bzw. das Blut, welches gebraucht wird, sollte man vorher bei Raumtemperatur mind. 12 Std. auftauen, damit der Schweiß, bzw.

das Blut auch wirklich flüssig ist. Kleine Klumpen sind nicht tragisch und können verteilt auf die Schweißfährtenlänge, bzw. in die angelegten Wundbetten gelegt werden.

18.1 GRUPPENAUFTEILUNG IM REVIER

Jeder der Teilnehmer zieht ein Los, von 1 - 8 numeriert. Diese Fährtennummer behält der Fährtenleger für die nächsten Wochen des Schweißlehrganges. Nur die erste Schweißfährte legt der Führer mit seinem Hund auf die von ihm gelegte, bzw. gespritzte Schweißfährten-Nummer 1 - 8. In den nachfolgenden Wochen legt er immer wieder den Schweiß auf seine Fährtennummer. Danach wechselt jeder Führer mit seinem Hund in jeder Woche auf eine andere Fährten-Nummer. Dadurch bekommt der Hund immer einen anderen Fährtenleger mit einem anderen Gewicht. So ensteht jedes Mal eine andere Bodenverwundung. Der Hund muß sich dadurch wieder neu orentieren und sich auf die neue Fährte einstellen.
Zum Beispiel:
Hund und Führer Nr. 1 arbeiten die Fährte Nr. 2 aus.
Die Nr. 2 arbeitet die Fährte Nr. 3 aus,
die Nr. 3 die Fährte Nr. 4, usw.
Der Hund mit seinem Führer Nr. 8 arbeitet die Fährte Nr. 1 aus, und so wechselt die Ausarbeitung der Fährtennummern von Woche zu Woche.
Hierdurch lernt der Hund jede Woche ein anderes Gelände im Revier kennen. Zum Ende des Schweißlehrganges sollte auch mit Übernachtfährte und Fährtenschuh jagdnah die Schweißfährte ausgearbeitet werden.

19.0 DIE VORBEREITUNG ZUR ERSTEN SCHWEISSFÄHRTE

1. Bevor es mit dem Legen der Schweißfährten losgeht, muß man überlegen, wie das Revier für alle Teilnehmer einzuteilen ist. Man schätzt oder schreitet das Gelände ab. Dann legt man am Anfang und am Ende gut sichtbar um einen markanten Baum, Strauch oder Zweig oder an den Anschußbruch eine weiße Papierbinde (Toilettenpapier), die sich durch Witterungseinflüsse schnell wieder auflöst. Mit weißer Tafelkreide schreibt man die Fährtennummer unterhalb der Binde. Mit großen Buchstaben, A/1 und E/1, kennzeichnet man Anfang und Ende, um sie leichter aufzufinden. Auch erleichtert es dem Fährtenleger, wenn er an dem zweiten 90°-Winkel angekommen ist, zum Ende der Schweißfährte zurückzukommen. Mit entsprechendem Abstand von der Schweißfährte E/1 kann der nächste Fährtenleger Nr. 2 seine Fährte legen, usw.

2. Man befestigt die gezogene Fährtennummer an Baum, Strauch oder Zweig.

3. Man schlägt mit stabilen Schuhen mit dem Hacken in das obere Erdreich ein, denn damit ensteht eine starke Bodenverwundung.

4. In diese Bodenverwundung legt, bzw. gießt man (nicht spritzen !) den Schweiß, in der Größe eines 5 DM-Stückes.

5. Es wird ein armlanger Anschußbruch von einem nahegelegenen Strauch abgeschnitten. Einen Zweig vom Anschußbruch nimmt man als Bruch, der die Fluchtrichtung des Wildes anzeigt. Beide Brüche sind gut sichtbar mit dem Messer von der Mitte bis zum unteren Ende von der Rinde zu befreien, denn

das Wild fegt die Zweige. Der Rehbock schiebt jedes Jahr ein neues Gehörn. Das Gehörn ist im Frühjahr noch mit einem Bast umgeben. Wenn das Gehörn fertig ist, juckt der Bast, und der Bock versucht, durch ständiges Reiben seines Gehörns an Sträuchern, sich von dem Bast zu befreien.

6. Man steckt in die Nähe der Bodenverwundung den armlangen, gefegten Anschußbruch. An diesen wird der Bruch gelegt, der die Fluchtrichtung des Wildes anzeigt.

7. Man schaut in gerader Zielrichtung auf einen markanten sichtbaren Baum/Strauch oder sonstiges. Nun geht man mit erhobenem Haupt auf dieses anvisierte Ziel zu.

8. Beim Schweißspritzen muß immer nach vorn gegangen werden. Es darf **nie** zurückgegangen werden. Auch dann nicht, wenn man gestolpert ist und man durch Umkippen des Gefäßes keinen Schweiß mehr hat. Der Fährtenleger sollte daher einen Reservebehälter mitnehmen. Man spritzt nach jedem 2. Schritt einen Stoß Schweiß aus dem vorbereiteten Gefäß nach vorn hin. Durch den Schwung der Armbewegung fliegen auch die Schweißtropfen in Fluchtrichtung. Diese Art des „Schweißfährtespritzen“ ist fast jagdnah.

9. Kommt man in gerader Zielrichtung an einem Baum vorbei, zeichnet, bzw. markiert man mit weißer Tafelkreide (die schnell von Witterungseinflüssen verblaßt) einen 30 cm langen senkrechten Kreidestrich in Augenhöhe. Geht man rechts am Baum vorbei, kommt der Kreidemarkierungsstrich auf die linke Seite der Baumhälfte. Geht man links am Baum vorbei, kommt der Markierungsstrich auf die rechte Seite der Baumhälfte.

10. Bei der ersten Schweißfährte legt man ein „U“ und zwar ca. 50 m in gerader Richtung nach vorne zu einem markanten

Baum. Diesem Baum legt man nun eine Papierbinde um. Unterhalb dieser markiert man mit der Kreide einen Winkelrichtungspfeil, in der die künstliche Wundfährte weiter verlaufen soll.

11. Nach weiteren 50 m legt man das erste Wundbett, wie unter Pkt. 3 und 4 beschrieben. Dann geht man in gleicher Richtung weiter, um nach weiteren 50 m einen Haken zu schlagen. Der Haken ist wichtig, damit der Hund lernt, sich auf die Fährte wieder *einzubögeln. Den Baum, an dem der Winkelhaken gemacht ist, markiert man wieder mit einer Papierbinde, und dann den Kreidewinkel-Richtungspfeil nicht vergessen! Der Richtungspfeil zeigt an, wohin die künstliche Schweißfährte weiter verläuft. Wenn die Schritte genau abgezählt sind, kommt der Fährtenleger mit 2 Winkeln à 90° automatisch auf den Weg zurück, von dem er ausgegangen ist.

12. Kurz vor dem Weg schlägt man wieder ein Wundbett und legt den Rest Schweiß hinein (Nicht spritzen !).

13. Die Rehdecke oder Sauschwarte und die tägliche Futtertagesration werden kurz vor der Ausarbeitung der künstlichen Schweißfährte vom Führer an das Ende der Schweißfährte gelegt. Durch diese Maßnahme ist gewährleistet, daß ein zufällig herumstreunender Hund während der erforderlichen Wartezeit nicht das Futter auffressen, bzw. die Reh- decke verschleppen kann. An das Ende der Schweißfährte kann auch ein frisch geschossenes Kaninchen abgelegt werden, wenn der Hund dieses als Belohnung für seine Arbeit akzeptiert. Aus der hohlen Hand dem Hund Frischwasser zu reichen, kann an warmen Tagen vom Hund als besonders angenehm empfun-

* einzubögeln = durch Suchen im Kreis die weiterführende Fährte finden

den werden. Hautkontakt ist wichtig und sollte bei jeder Gelegenheit genutzt werden.
Beim wöchentlichen Schweißfährtenwechsel ist die Numerierung/Markierung des Fährtenverlaufes für die Führer von großem Vorteil. Nach jeder Schweißarbeit müssen die Markierungen mit den Papierbinden unbedingt abgenommen werden. Auf jeden Fall muß die Mindeststehzeit der künstlichen Schweißfährte von zwei Std. eingehalten werden.

Notizen:

Die neue Schweißarbeit

Zeichnung der Schweißfährte in U Form

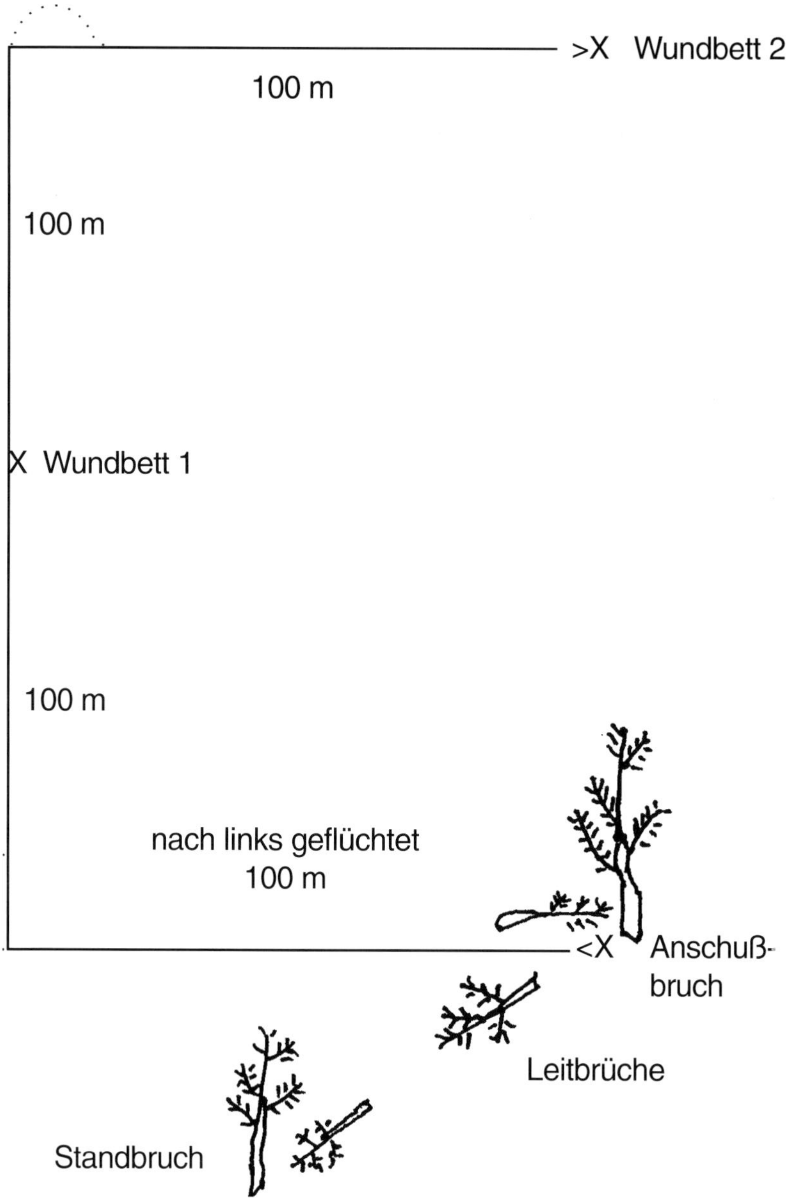

Zeichnung der Gruppenaufteilung im Waldrevier

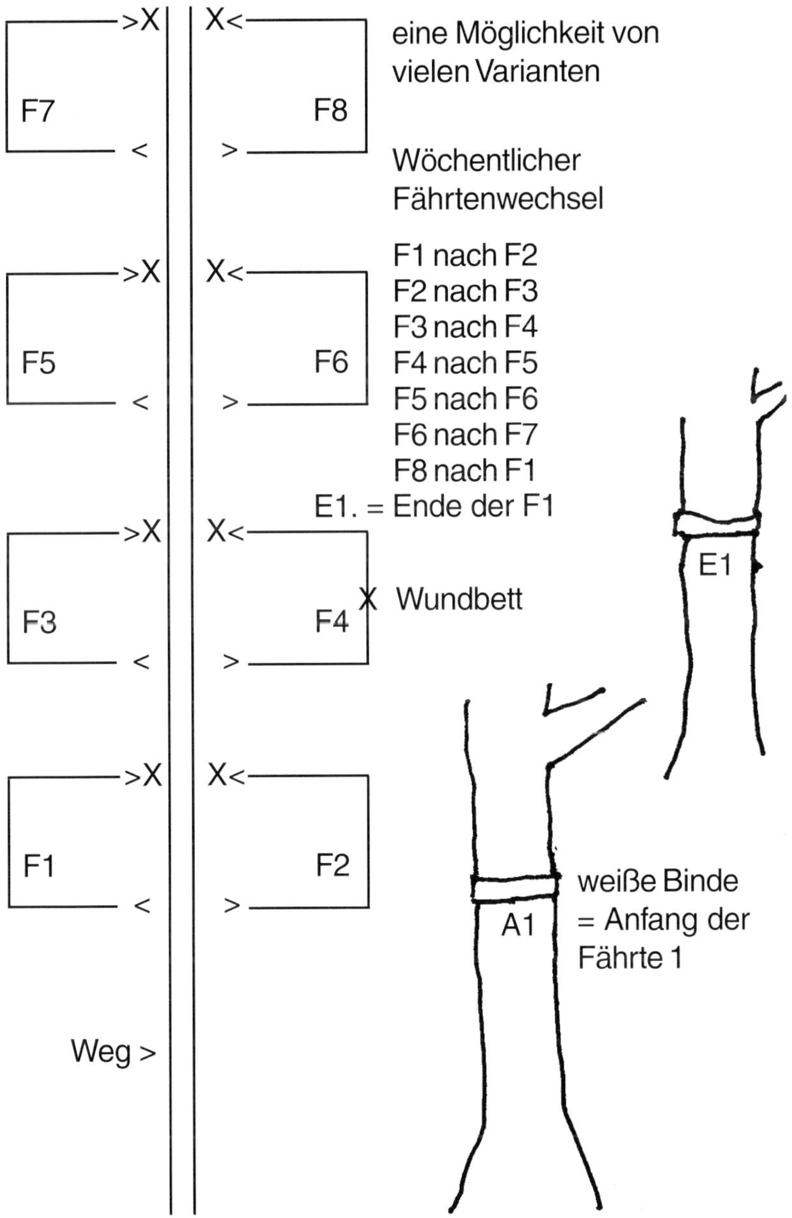

Zeichnung des Schalenabdrucks vom Schwarzwild und Klauenabdruck vom Rehwild

Beim Schwarzwild wird der Abdruck vollständig wiedergegeben, beim Rehwild wie nachstehend:

Außer den Haaren sind die Schalen Hornbildungen der Haut. Beim Gehen werden nur die Spitzen der Schalen, die das Endglied der dritten und vierten Zehe bekleiden, auf den Boden aufgesetzt. In flüchtiger Fortbewegung berühren auch die Oberrücken, die Schalen der zweiten und fünften Zehe, den Erdboden. Das Schalenhorn umfaßt das Endzehenglied weit nach hinten und berührt mit einem Rande den Boden, während die Unterseite des Zehenrandes von dem Ballen gebildet wird. Das Reh hat einen besonders langen Ballen.

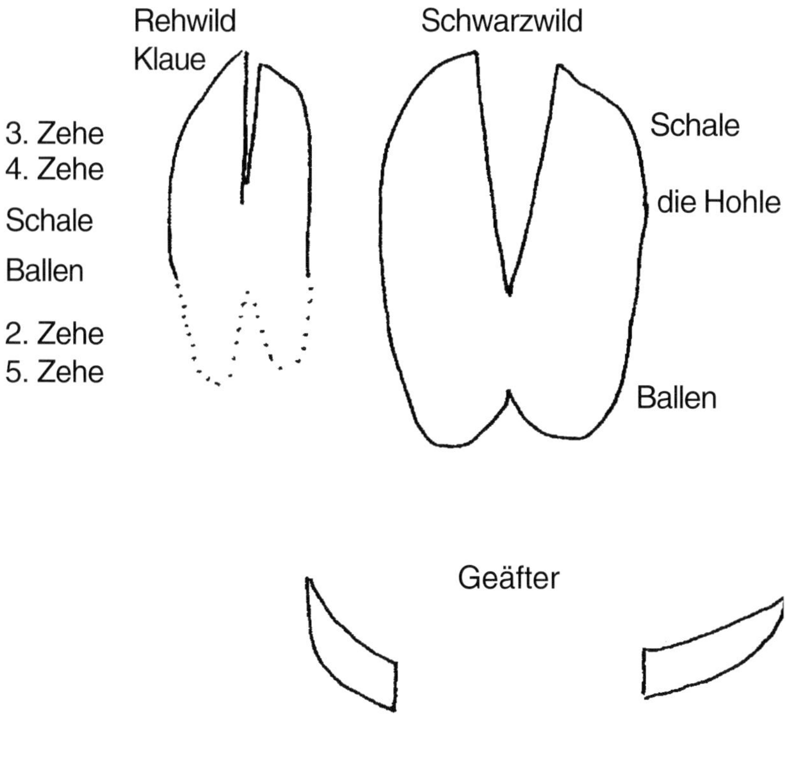

20.0 AUSARBEITUNG UND ERLERNEN DER KÜNSTLICHEN SCHWEISSFÄHRTE - MIT SPASS UND FREUDE -

1. Der Führer muß **Ruhe** ausstrahlen Die Ruhe des Führers überträgt sich auf den Hund.

2. Der Führer muß die erforderliche **Zeit** mitbringen, die für die Einarbeitung (Lehrzeit) und Ausarbeitung der Schweißfährte notwendig ist.

3. In 10 m Abstand vom Anschuß läßt der Führer den Hund mit erhobener Hand, also mit dem lautlosen Signal, **Platz** machen.

4. Der Führer dockt die Schweißleine langsam und ruhig auf ganzer Länge ab.

5. Die abgedockte Schweißleine wird in voller Länge auf den Boden gelegt. Die Schweißleine bleibt auf dem Boden liegen.

6. Die Schweißhalsung mit Wirbel wird dem Hund liebevoll umgelegt.

7. Während der Hund weiterhin „Platz“ macht, geht man mit ruhigen Schritten zum Anschuß, läßt sich Zeit, um die Verwund-Pirschzeichen, wie schon vorher beschrieben, zu untersuchen.

8. Nach den Erkenntnissen, die aus der Verwundung des Wildes gewonnen wurden, geht der Führer langsam zum Hund zurück. Er nimmt den Hund an die Schweißhalsung. Dieser darf jetzt aufstehen und mit dem Führer „bei Fuß“ zum Anschuß gehen. Bei dieser Arbeit muß die Schweißleine

auf dem Boden schlürfen. Am Anschuß angekommen, zeigt man dem Hund, in gebückter Haltung und mit der Hand am Boden, was er suchen und finden soll. Der Führer muß dem Hund genügend Zeit lassen, um festzustellen, welche Bodenverwundung und welche individuellen Gerüche er mit seiner Nase aufstöbern muß, um die Beute zu finden.

9. Der Führer nimmt den Schweißriemen, führt den Riemen vom Hals des Hundes über die Brust, durch die Vorder- und Hinterläufe hindurch. Nun nimmt er hinter dem Hund die Schweißleine locker in die Hand, so daß die Leine ohne zu rucken langsam nach vorne gleiten kann. Außerdem muß man aufpassen, daß sich die lange Schweißleine nicht um einen Baum wickelt oder sich im Gebüsch verheddert. Falls dieses doch passieren sollte, muß man sofort die Leine loslassen. Nach der Entwirrung der Schweißleine nimmt man das Ende wieder in die Hand. Der Hund muß immer die Möglichkeit haben, ohne Störung und Behinderung nach vorn zu suchen. Plötzliches Rucken an der Schweißhalsung wird vom Hund als störend und belästigend empfunden.

10. Sobald der Führer an seinem Hund erkennt, daß er die Fährte hat und sich an diese Fährte ansaugt, spricht er mit dem Hund, mit sanfter Stimme: „Such den Bock! Such Verwund!" Bei dieser Riemenarbeit kommt es darauf an, wie der Hund in Anlehnung der Wind- und Witterungsverhältnisse die Schweißfährte hält. Besonders gut ist es, wenn der Hund wie an einer Perlenschnur gezogen die Schweißfährte ausarbeitet. Er soll erkennen lassen, daß er zielsicher zur Beute will. Außerdem soll er die Wundfährte ruhig, konzentriert und zügig ausarbeiten. Auf keinen Fall darf er zu stürmisch sein und an der Schweißleine ziehen. Es ist dem Hund erlaubt, in einem Bogen die Fährte zu finden, wenn er dieselbe verloren hatte (siehe einbögeln und Zeichnung S. 86). Der Führer darf

anhalten und vorgreifen, um selbst nach Schweiß zu suchen. Der Hund muß dann vorübergehend „Platz" machen. Auch stürmische Hunde sind durch öfteres „Platz machen" zur Ruhe zu bringen.

11. Der Hund soll das erste Wundbett selbständig finden und anzeigen. Der Führer kennt durch die Einarbeitung und das Legen der Schweißfährte genau jeden Schritt des Fährtenlegers an den angebrachten Markierungen. Er kann seinen Hund bei der Einarbeitung und Lernphase unterstützen. Wenn der Hund zu weit von der Schweißfährte abkommt oder den Kopf hochhält und sich weiterhin desinteressiert benimmt, kommt das Wort „Pfui!". Wenn er aber seine Nase auf dem Boden hält und man erkennen kann, daß er suchen und finden will und weiterhin die Fährte hält, muß der Hund ausgiebig gelobt werden: „Brav Verwund!". Hat er am Ende das Stück gefunden, geht man langsam zu ihm hin, geht in die Hocke und lobt ihn über alles. Man läßt dem Hund Zeit, die Rehdecke zu beschnuppern und gibt ihm seinen verdienten Lohn, eine große Tagesration Leckerchen.

Zur Schweißeinarbeitung ist vom Führer mitzubringen:

1. Wegen der möglichen Zeckenbisse oder aufgrund eventueller Verletzungen einen Hut oder eine Mütze,

2. ein feststehendes Messer, um die grobe Borkenrinde zu glätten und den Baum besser markieren zu können,

3. festes Schuhzeug sowie wasserdichte Stiefel und Lederhandschuhe mit Stulpen (wegen dichtem Unterholz, Dornen und Wassergräben),

4. 1/4 ltr. Schweiß und ein Spritzgefäß,

5. ein Paket weiße Tafelkreide,

6. eine Rolle weißes Toilettenpapier,

7. eine *luftgetrocknete* Rehdecke oder eine Sauschwarte,

8. besonders leckere Tagesration Futter,

9. oder sonstige besonders angenehme Dinge, die den Hund erfreuen könnten. Zum Beispiel kann der Führer ihm ein Kaninchen, eine Ente oder einen Fasan an oder auf die Rehdecke legen,

10. einen Behälter Frischwasser.

11. Zur Erkennung der Wundzeichen bringt der Führer evtl. eine Lupe und weißes Papier mit.

12. Um alle Sachen einpacken zu können, benötigt man einen ensprechend großen Rucksack.

21.0 SCHWEISSFÄHRTE LEGEN MIT DEM FÄHRTENSCHUH

Die Zeichen/Markierungen werden, wie vorher beschrieben, vorgenommen. Bei der ersten Schweißarbeit mit dem Fährtenschuh nimmt man vom Wild möglichst einen breiten Fährten/Schalenabdruck, z.B. Tritt eines 3-jährigen Keilers, dessen Schrittlänge ca. 42 cm hat. Nun schraubt man die abgetrennten Schwarzwildschalen in die Hohlkehle des Fährtenschuhes. Die Fährte wird mit den Schwarzwildschalen getreten. Der Fährtenleger versucht, die Schrittlänge des Keilers nachzuahmen. Nach 10 - 30 Schritten schleudert man einen

Stoß Schweiß aus dem vorher beschriebenen Gefäß nach vorn in die Fluchtrichtung. Hat der Hund nun beides gelernt, sowohl die Bodenverwundung durch die Schwarzwildschalen als auch die wenigen Schweißtropfen in größeren Abständen aufzusuchen, muß der Hund wie immer kräftig gelobt werden. Bei der nächsten Schweißfährte mit dem Fährtenschuh nimmt man einen kleineren Schalenabdruck und markiert den Klauentritt eines Rehes nach. Nach erfolgter Ausarbeitung der Schweißfährte darf man das Loben nicht vergessen. Bei der Einarbeitung des Hundes auf der künstlichen Schweißfährte ist es absolut wichtig, daß der **Beutetrieb** des Hundes jedesmal zum **Erfolg** führt, also daß der Hund für seine Arbeit die verdiente Belohnung (Leckerchen) von seinem Führer direkt nach der Arbeit bekommt. Angenehm und faszinierend für den Hund ist es, wenn er bei der Zerwirkung (= Zerteilen des Rehes) und beim Aus-der-Decke-Schlagen (= Fell abziehen) dabei sein darf.
Nur leistungsstarke, körperlich und geistig vitale Hunde sind auch nach Stunden noch in der Lage, diese Schwerstarbeit zu erfüllen.

Welche Voraussetzungen sind gefragt ?

1. Der Hund muß eine gute Ausbildung und Erfahrung haben.
2. Er muß gesund, fit und durchtrainiert sein.
3. Er muß gute Pflege und Kraftfutter bekommen.
4. Er muß immer Freude und Spaß an seiner Arbeit haben.

Sind vorstehende Voraussetzungen gegeben, läßt sich der Hund auch nicht von Holzfällern, Traktoren, Autos, Radfahren, Joggern oder sonstigem von seiner einmal angesetzten Schweißarbeit ablenken.

21.1 Um die nötige Kondition und Leistung des Hundes zu erhalten und weiterhin zu fördern, ist ständig mit dem Hund zu üben

1. Der Hund ist ein Lauftier. Man gebe ihm also hinreichend die Möglichkeit dazu.

2. Dieses Training kann am Fahrrad oder an der Reizangel durchgeführt werden.

3. Schwimmübungen sind gesund, steigern die Kondition und das Durchhaltevermögen des Hundes.

Mit diesen vorbeugenden Maßnahmen erhält der Führer einen Hund, der als „Energie-Kraftpaket" mit sehr guter Nasenleistung, bezeichnet werden kann.

Er ist als Allzweckhund und Alleskönner einzusetzen.

Notizen:

22.0 Die Bedürfnisse und der Urtrieb des Hundes

Ein Hund kann seinem Herrn treu ergeben sein bis hin zum Tod. Jedoch Liebe zwischen Herrn und Hund gibt es nicht. Jeder Hund hat seine Prioritäten bis hin zur Selbstaufgabe. In der Regel steht wie bei allen Lebewesen, so auch beim Hund an erster Stelle:

1 Der Vermehrungstrieb, um seine Art zu erhalten.

2 Die Lebenserhaltung: Jagen, um Beute zu machen.

3 Der angeborene und ausgeprägte Spieltrieb.

4 Das Angenehme, wie Streicheleinheiten, Lob und gute Worte.

5 Unangenehmes, wie durch das Wort „Pfui!“ und den Nacken schütteln.

Diese Bedürfnisse und Lebensweisen stehen im Vordergrund seines Verhaltens, und diese Bedürfnisse will der Hund auch mit seiner Rangordnung durchsetzen.
Aus Eifersucht, Neid, Mißgunst und Protzgehabe entstehen oft Beißereien mit vorhergehendem Knurren und Sträuben von Nackenhaaren.

Notizen:

22.1 Immer wiederkehrende Probleme mit dem Hund

1 Drohgebärden, u.a. der Rüden, wenn eine heiße Hündin zur Paarung bereitsteht.

2 Die Hündin beißt den Rüden ab, wenn sie nicht zur Paarung mit dem Rüden bereit ist.

3 Wenn Hündin und Hündin oder Rüde und Rüde sich um die Beute, das Futter streiten.

4 Wenn der Hund still und leise von zu Hause wegläuft.

5 Wenn der Hund hinter den Radfahrern, Autos, Postboten und Kindern herläuft, diese kneift oder beißt.

6 Wenn der Hund Tag und Nacht bellt und heult.

7 Wenn der Hund den Garten umgräbt.

8 Wenn der Hund den Knochen oder das Futter versteckt.

9 Wenn den Hund die Beute an der Reizangel nicht interresiert.

10 Wenn der Hund an der Reizangel nicht vorstehen will.

11 Wenn der Hund als Haus- und Hofbewacher nicht bellen will, wenn Fremde kommen.

12 Wenn der Hund nicht gehorchen will. Dann liegt es oft an der inkonsequenten Erziehung und Bequemlichkeit des Führers und Ausbilders.

Hundeführer-Ausbildung in Bildern vom Lehrgang 1996

Aus 650 Fotoaufnahmen ausgesuchte Bilder
von den verschiedenen Hunderassen,
mit ihren Führen zu dem jeweiligen
Stand der Ausbildung

„Modell“ mit ihren Hunden und ohne sie standen:

Bernd Fißmann, Druchhorn
Liesel Gelinsky, Bersenbrück
Siggi Gunia, Fürstenau
Peter Haunert, Osnabrück
Karin Heufers-Wendhaus, Osnabrück
Adolf Höveler, Osnabrück
Hubert Kemme-Möller, Schwagstorf
Berhard Koop, Bramsche
Helge Kopmann, Bramsche
Kai Ludwig, Osnabrück
Werner Ludwig, Bad Iburg
Werner Meier, Badbergen
Dieter Nehrenhaus, Gehrde/Helle
Heinrich Pruß, Alfhausen
Otto Revermann, Rieste
Hans-Josef Richter, Schwagstorf
Beate Selker, geb. Preuße, Dülmen/Buldern
Helmut Stockhoff, Gehrde/Helle
Werner Struckmann, Wulften
Georg Többenottke, Besten

A.F. Andre Beckmann, Osnabrück
Z.A.F. Georg Böwer, Merzen

Abb. 1
Am Nackenfell darf ein Welpe nicht getragen werden

Abb. 2
Vorsichtig muß ein Welpe auf dem Arm getragen werden

Abb. 3
Leinenführigkeit an langer, lockerer Leine

Abb. 4 „Sitz!“ Drücke mit der flachen Hand auf die Sitzbeinhöcker!

Abb. 5
„Sitz!“
Festhalten von weichem Kaninchenfell

Abb. 6
Loben „Apport!“, “Brav Sitz!“ Mit der einen Hand an Hals und Brust kraulen (Bierflasche)!

Abb. 7
Sichtzeichen „Sitz!“
mit erhobenem
Zeigefinger in
Augenhöhe

Abb. 8 Kommando „Platz!“. Die Vorderläufe werden ruckartig nach vorn gezogen

Abb. 9 Loben „Brav Platz!“ Und immer wieder loben „Brav Platz!“

Abb. 10
Das korrekte
Tragen von
Wild „bei Fuß!“

Abb. 11
Das Springen über
Hindernis ohne
Apportel

Abb. 12
Der Apportierbock

Abb. 13
Das Apportel mit Kaninchenfelll umwickelt, Kommando „Aus!“

Abb. 14
Mit dem Apportierbock, Kommando „Apport!“

Abb. 15
Den Apportierbock 20 cm vor den Fang halten

Abb. 16
Der Hund reckt sich nach vorn, um den Apportierbock zu fassen

Abb. 17
Das Tragen des Apportierbockes bei „Sitz!“

Abb. 18
Das Tragen des Apportierbockes „bei Fuß!“

Abb. 19 Das Tragen des Apportierbockes „bei Platz!“ und Festhalten

Abb. 20
Das Ausgeben des Apportierbockes, Kommando „Aus!“

Abb. 21 Das Tragen einer Dachlatte, wenn der Hund es gerne will

Abb. 22 Das Aufnehmen vom toten Fasan

Abb. 23 Das Annehmen von einem sehr harten Gegenstand, „Apport“ (Glasflasche)

Abb. 24 Das sanfte Tragen von einem rohen Ei ist Übungssache

Abb. 25 Das sanfte Tragen einer lebenden Ente

Abb. 26
Das Tragen von einem toten Kaninchen (Auch als Titelbild verwandt)

Abb. 27 Das Festhalten von Kaninchen auch in der Platzlage

Abb. 28
Das Tragen vom
toten Fasan

Abb. 29
Das Tragen vom toten Fuchs

Abb. 30 Das korrekte Bringen vom Jungfuchs

Abb. 31
Das Tragen von
„harten Geschenken“

Abb. 32
Die Reizangel mit
Teleskopstange und
Beutestück

Abb. 33 An der Reizangel: hinter der Beute jagen

Abb. 34 An der Reizangel: Heranschleichen und Vorstehen der Beute

Abb. 35 An der Reizangel: festes Vorstehen der Beute im Dickicht

Abb. 36 An der Reizangel: die Beute ergreifen und loben

Abb. 37 An der Reizangel: festes Vorstehen der Beute, die im Wasser liegt

Abb. 38
An der Reizangel: die Beute ergreifen und loben

Abb. 39
An der Reizangel: festes Vorstehen von einem jungen Hund (Welpe)

Abb. 40
An der Reizangel: festes Vorstehen der Beute

Abb. 41 An der Reizangel: festes Vorstehen der Beute

Abb. 42 An der Reizangel: „Platz!" bei sich bewegender Beute

Abb. 43
An der Reizangel: „Platz!“ mit erhobener Hand

Abb. 44
An der Reizangel: „Platz!“ auf Trillerpfiff

Abb. 45 An der Reizangel: festes Vorstehen der Beute

Abb. 46
An der Reizangel: „Platz!" auf Trillerpfiff mit weit über dem Kopf erhobener Hand

Abb. 47 An der Reizangel: „Platz!“ auf Trillerpfiff vor der sich bewegenden Beute

Abb. 48 An der Reizangel: „Platz!“ auf Trillerpfiff vor der sich bewegenden Beute

Abb. 49 Vorstehen der Ente am Wasser

Abb. 50 An der Reizangel auf Trillerpfiff „Platz!“ Loben und Kraulen, Streicheln, „Brav Platz!“

Abb. 51 Verbellen der Reizangel im Baum

Abb. 52 Vorstehen der Reizangel - Beute im Dornenbusch

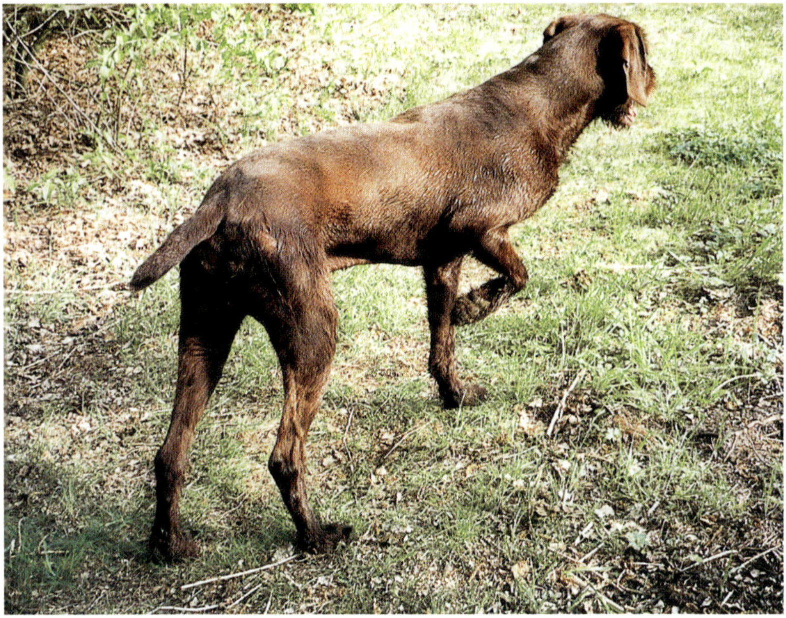

Abb. 53 Vorstehen vor Wild

Abb. 54 Vorstehen am Wasser

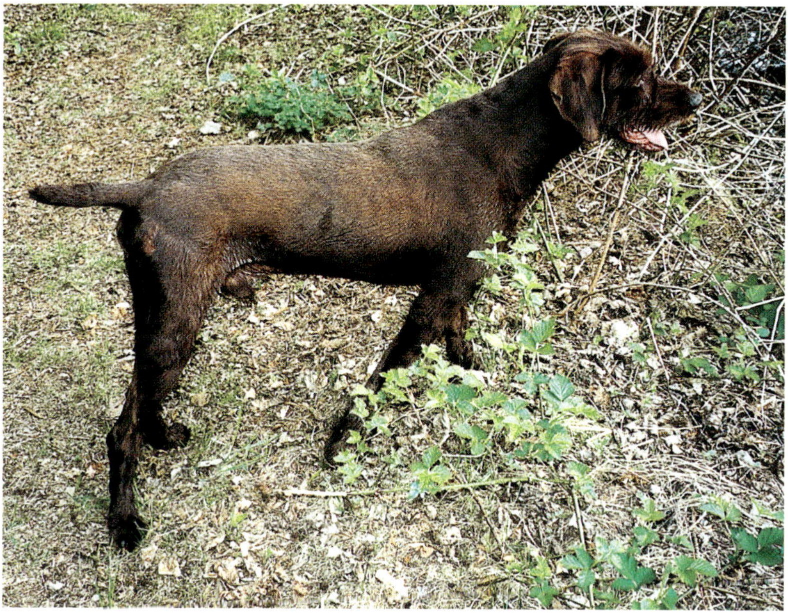

Abb. 55 Vorstehen und Kauen bedingt durch die Wildwitterung

Abb. 56 Herstellen einer Schlinge für alle Schleppwildarten. Zuerst Daumen und Hand spreizen

Abb. 57 Herstellen einer Schlinge, Hand umdrehen

Abb. 58 Herstellen einer Schlinge, Drehen der Hand, Hand zumachen

Abb. 59 Herstellen einer Schlinge, Hand zumachen, mit der anderen Hand an der Schnur ziehen

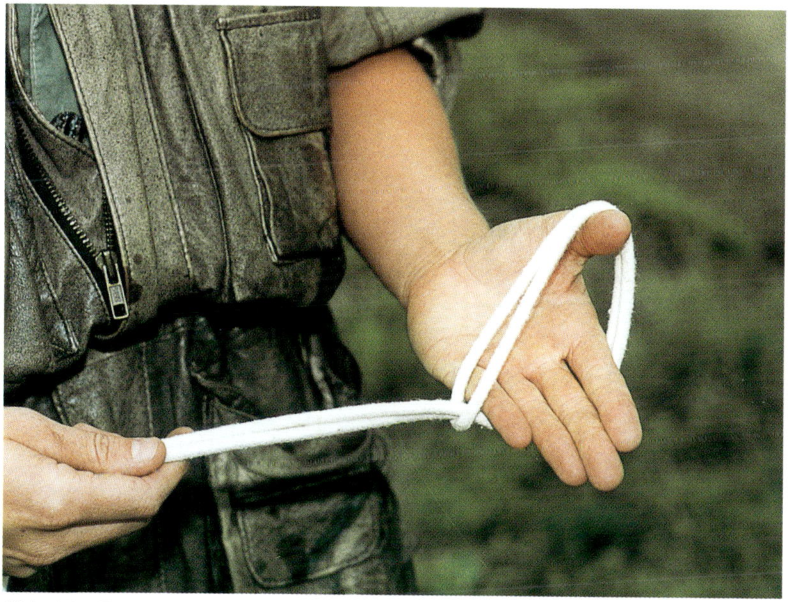

Abb. 60 Fertig ist die Schlinge!

Abb. 61
In einem Eimer ist das Tragen des Schleppwildes einfacher

Abb. 62 Zwei Kaninchen werden hingelegt und das Schweißglas daneben gestellt.

Abb. 63
Die Anschußmarkierung mit Wolle und einem Tropfen Schweiß

Abb. 64
Die Wolle aus dem Kaninchen zupfen. Schweißglas und Stock daneben stellen

Abb. 65
Drei Federn zupfen und einen Schweißtropfen aus dem Glas dazugeben

Abb. 66 Das Markieren des Anschusses mit einem Tropfen Schweiß

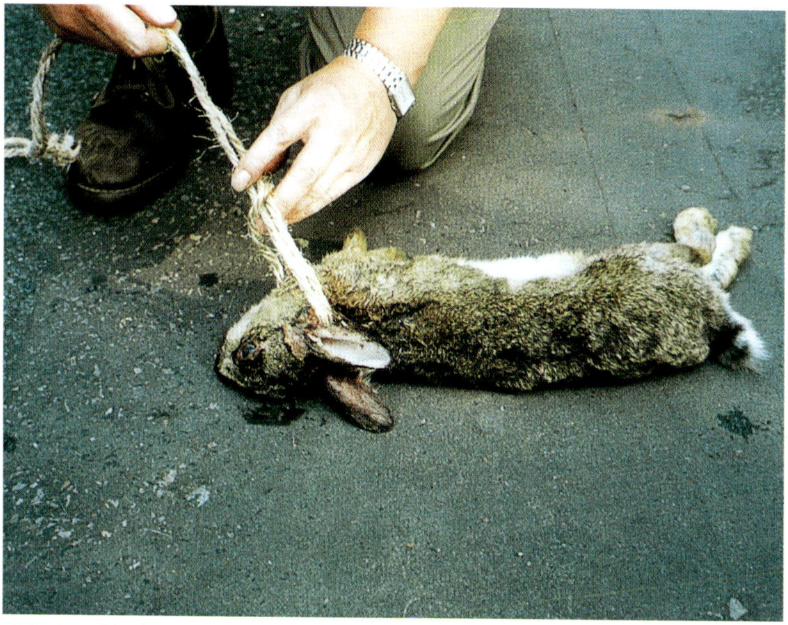

Abb. 67 Die Schleppleine wird um den Hals des Kaninchens gelegt

Abb. 68
Die Allzweckleine ohne
Halsung

Abb. 69
Die Allzweckleine mit Halsung

Abb. 70 Auch ein Welpe kann vor jeder Arbeit durch das optische Signal Handzeichen „Platz“ machen

Abb. 71 Vor jedem Ansetzen des Hundes: erst in die Platzlage und mit der Führerleine den Hund festhalten

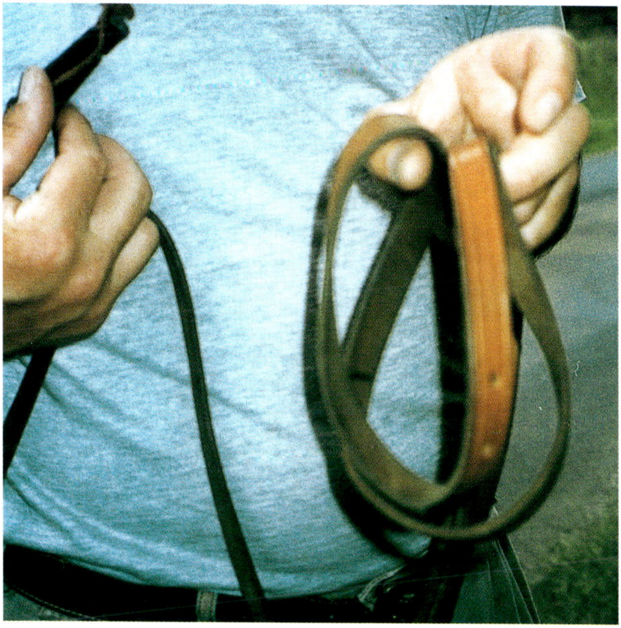

Abb. 72
Das Schlaufenende der Führerleine benutzt man zum Halten des Hundes

Abb. 73
Mit einer Hand und dem Daumen den Hund festhalten

Abb. 74
Die Schleppleine und Halsung

Abb. 75 Das Ansetzen des Hundes auf die Federwildschleppe

Abb. 76
Das Ansetzen des Hundes auf die Fuchsschleppe

Abb. 77 Das Ansetzen des Hundes mit Ablaufleine und Halsung

Abb. 78
Das Ansetzen des Hundes mit Hundeführerleine ohne Halsung. Diese Art der Ansetzmethode ist zu bevorzugen. Der Hund kann sich nicht verheddern

Abb. 79 Gehe in die Hocke, wenn der Hund zurückkommt!

Abb. 80
Immer loben und streicheln, wenn der Hund zurückkommt (auch, wenn er zuvor den Hasen aufgefressen hat)!

Abb. 81
Das korrekte Bringen von Kaninchen im Wald

Abb. 82 Das korrekte Bringen von Federwild, im Wald „Sitz!“ mit dem optischen Zeichen, dem erhobenen Zeigefinger

Abb. 83 Teamarbeit. Ein Hundeführer hält den Hund eines Schleppenziehers

Abb. 84 Die Belohnung des Führers nach getaner Schlepparbeit

Abb. 85
Beweis A der Bodenverwundung im Feld: Federwild, durch Gehen des Schleppenzieher

Abb. 86
Beweis B der Bodenverwundung: im Wald Federwild durch Eigengewicht des Schleppenziehers

Abb. 87
Beweis C der Bodenverwundung: im Feld ohne Wildberührung Federwild. Eigengewicht des Schleppenziehers

Abb. 88
Beweis D Bodenverwundung: ohne Wildberührung, im Wald, Kaninchen. Eigengewicht des Schleppenziehers

Abb. 89
Mit erhobener Hand „Platz!“ Schweißleine und Hund

Abb. 90 Die Schweißhalsung mit Schweißleine, voll aufgedockt

Abb. 91 Die Schweißleine, voll abgedockt (abgerollt), mit abgelegtem Hund

Abb. 92 Die Schweißleine, voll abgedockt „Sitz!“ am Standbruch mit Leitbruch

Abb. 93 Hund vor dem Standbruch, „Platz!“, Schweißleine, voll abgedockt, und Leitbruch „Platz!“

Abb. 94 Schweißhalsung mit Wirbel und abgelegtem Hund

Abb. 95 Genaue Untersuchung am Anschußbruch ist erforderlich: Leitbruch, Stülphandschuhe, Utensilientasche, rotes Band am Hut

Abb. 96 Dem Hund zeigen, was er suchen soll: „Such den Bock!“

Abb. 97
Die Nachsuche an langer, lockerer Schweißleine: „Such den „Bock!“

Abb. 98 Vorsichtig nähert sich der Hund dem Bock und zeigt die „Vorstehmanier“

Abb. 99 Der Hund als „Totverbeller“

Abb. 100
Nach getaner Arbeit: zur Belohnung Wasser aus der hohlen Hand

Abb. 101 Die Rehdecke mit zu wenig Leckerli

Abb. 102 Eine große Portion Futter zur Belohnung ist gut

Abb. 103 Der Hund begutachtet seine verdiente „Belohnung“

Abb. 104 Liegend bewacht der Hund den gefundenen Bock

Abb. 105 Sitzend bewacht der Hund den Bock

Abb. 106 Der Hund verbellt die im Baum versteckte Beute

Abb. 107 Wo stand das Wild bei Schußabgabe ?

Abb. 108
Standbruch mit
Leitbruch, halb-
lang von der
Rinde befreit

Abb. 109
Anfang der künstlichen Schweißfährte = A 1 + Papierbinde

Abb. 110
Ende der künstlichen Schweißfährte = E 1 + Papierbinde

Abb. 111
Ein weißer Tafelkreidestrich links am Baum bedeutet: die Schweißfährte führt links am Baum vorbei

Abb. 112
Ein weißer Tafelkreidestrich im Winkel bedeutet: die Schweißfährte führt um 90° zur Seite

Abb. 113
Die Schweißfährtenschuhe mit Wildschweinschalen

Abb. 114 Vor der Wasserarbeit muß der Hund „Platz!“ machen

Abb. 115 Die Ente wird vorsichtig mit einer Krepp-Papiermanschette nach Prof. Müller oder nach Sauter versehen

Abb. 116
Die tote Ente
und „Sitz!- bei
Fuß!“

Abb. 117 Vorschriftsmäßiges Prüfungsgewässer, mit ausreichender Schilfdeckung

Abb. 118 Weiteres vorschriftsmäßiges Prüfungsgewässer mit ausreichender Deckung, Schlingpflanzen und Schilf

Abb. 119 Weitere sehr gute Teichanlage mit einer Insel

Abb. 120 Der Ufergürtel

Abb. 121
Hindernisspringen
mit Apportel

Abb. 122
Hindernisspringen
mit Kaninchen

Abb. 123
Hindernisspringen mit Fasan

Abb. 124
Hindernisspringen mit Fuchs

Abb. 125 Jagdliches Brauchtum der Hundeführer: „Jagdhornblasen“

Abb. 126 Viele Hundeführer sind auch Jagdhornbläser

Brauchbarkeit eines Jagdhundes

Zur Brauchbarkeitsprüfung (Br. Pr.) werden nachstehende Fächer geprüft: Gehorsam: Sitz, Platz, Leinenführigkeit, Bringen von Haar und Federwild, Bringen aus tiefem Wasser und Schweißarbeit.

Auf der Verbands-Jugendsuche-Prüfung (VJP) sind folgende Fächer zu prüfen:

1	Spurarbeit	2	Nase	3	Suche
4	Vorstehen	5	Führigkeit		

Festzustellen sind ferner:

1 Art des Jagens: spurlaut, sichtlaut, fraglich, stumm, waidlaut, (auch in Verbindung mit spur- oder sichtlaut)

2 Verhaltensweisen sowie körperliche Mängel.

Auf der Herbst-Zucht-Prüfung (HZP)sind folgende Fächer zu prüfen!

Anlagefächer:

1	Spurarbeit	2	Nase	3	Suche
4	Vorstehen	5	Führigkeit	6	Arbeitsfreude
7	Wasserarbeit	a	Stöbern hinter der Ente		
		b	Verlorensuchen im tiefen Schilfwasser		

Abrichtefächer:

8 Verlorenbringen von Federwild
- a Arbeit am geflügeltem Huhn, einschließlich Bringen
- b Verlorensuchen und Bringen
- c Bringen auf der Schleppe

9 Haarwildschleppe

10 Art des Bringens
- a Hase oder Kaninchen
- b Ente
- c Huhn oder Fasan

11 Gehorsam

22.2 Die Psyche des Hundes

Wir, der Hund und der Mensch, lernen durch Bestrafung und durch Lob. Asoziales Verhalten ist beim Menschen nach Prof. Hans Jürgen Eysenck zu 60 % geerbt.

Nach meinen Erfahrungen ist das asoziale Verhalten beim Hund zu 90 % genetisch bestimmt. Jeder Hund ist ein Egoist und denkt zuerst an sich selbst. Man sollte jedoch nicht lange über die Genetik des Hundes lamentieren, sondern darüber nachdenken, wie man mit den Forschungsergebnissen umgehen will. Denn eine genetisch angeborene Veranlagung liefert uns nicht einem unabwendbaren Schicksal aus.
Kinder und Welpen lernen vor allem durch die tägliche Erfahrung, durch Lob und Bestrafung (wie im vorherigen schon beschrieben durch „Angenehm" und „Unangenehm"). Mit dem Begriff zügellose Freiheit kann ein Hund nichts anfangen, da er ein Rudeltier ist. Entweder ist das Sozialverhalten ererbt, oder es ist erlernt. Auch ein Hund kann mit einem Leckerchen alles erlernen und verdienen. Diese Methode führt fast immer zu dem gewünschten Erfolg. Sollte eine Bestrafung erforderlich werden, muß diese sofort in der gleichen Sekunde des Ungehorsams erfolgen. Vorhergehende Warnungen und Drohungen nutzen überhaupt nichts. Erfahrungsgemäß hinterläßt körperliche Bestrafung den stärksten Eindruck.

Prüfen Sie jedoch vorher genau, welche Stufe Bestrafung Ihr Hund vertragen kann!

1. Stufe = schimpfen, Taschentuch oder mit der Zeitung werfen.

2. Stufe = im Nackenfell schütteln oder mit dem Schlüsselbund werfen.

3. Stufe = vorsichtig in den Behang kneifen.

4. Stufe = bei ungestümen Hunden ruckartig an der Korallenhalsung ziehen.

5. Stufe = bei sehr ungezogenen Hunden mit dem Hundetrainer üben.

6. Stufe = bei nicht mehr haltbaren, über die Maßen ungezogenen, verwöhnten Hunde, diese in eine gute Erziehungsschule geben.

Bedenken Sie: eine gute Erziehung darf **nie** eine Tierquälerei sein.
Es können noch viele Fragen und viele Beispiele angeführt werden. Aber alle induviduelle Fragen zu beantworten, würde den Rahmen dieses Buches sprengen.

Wenn Sie mit Ihrem Hund Probleme haben, fragen Sie Ihren **Lehrgangsleiter** oder rufen Sie mich einfach an:
Unter Tel. + Fax + AB 05462 591
Karl-Heinz Preuße, Tiefer Weg 22, 49577 Ankum

Notizen:

Zehn Bitten eines Hundes an den Menschen

1 Mein Leben dauert zehn oder zwölf Jahre. Jede Trennung von Dir wird für mich Leiden bedeuten. Bedenke es, eh' Du mich anschaffst!

2 Gib mir Zeit, das zu lernen und zu leisten, was Du von mir verlangst!

3 Habe Vertrauen zu mir. Ich lebe davon!

4 Zürne mir nie lange und sperre mich zur Strafe nicht ein. Du hast Deine Arbeit, Dein Vergnügen, Deine Freunde - ich aber habe nur Dich!

5 Sprich immer mit mir! Wenn ich auch Deine Worte nicht ganz verstehe, so doch die Stimme, die sich an mich wendet.

6 Wisse: wie immer an mir gehandelt wird, Angenehm - Unangenehm, ich vergesse es nie!

7 Bedenke, eh' Du mich schlägst, daß meine Kiefer mit Leichtigkeit die Knöchelchen Deiner Hand zu zerquetschen vermögen - daß ich aber keinen Gebrauch davon mache!

8 Ehe Du mich bei der Arbeit mutwillig schiltst, bockig oder faul, bedenke, vielleicht plagt mich ungeeignetes Futter. Vielleicht war ich zu lange der Sonne ausgesetzt oder habe ein verbrauchtes Herz.

9 Kümmere Dich um mich, wenn ich mal alt werde - auch Du wirst einmal alt sein!

10 Geh' jeden schweren Gang mit mir! Auch den letzten! Sag'nie: „Ich kann so etwas nicht sehen", oder: „Es soll in meiner Abwesenheit geschehen". Alles ist leichter für mich mit Dir.

Aufdocken des Schweißriemens

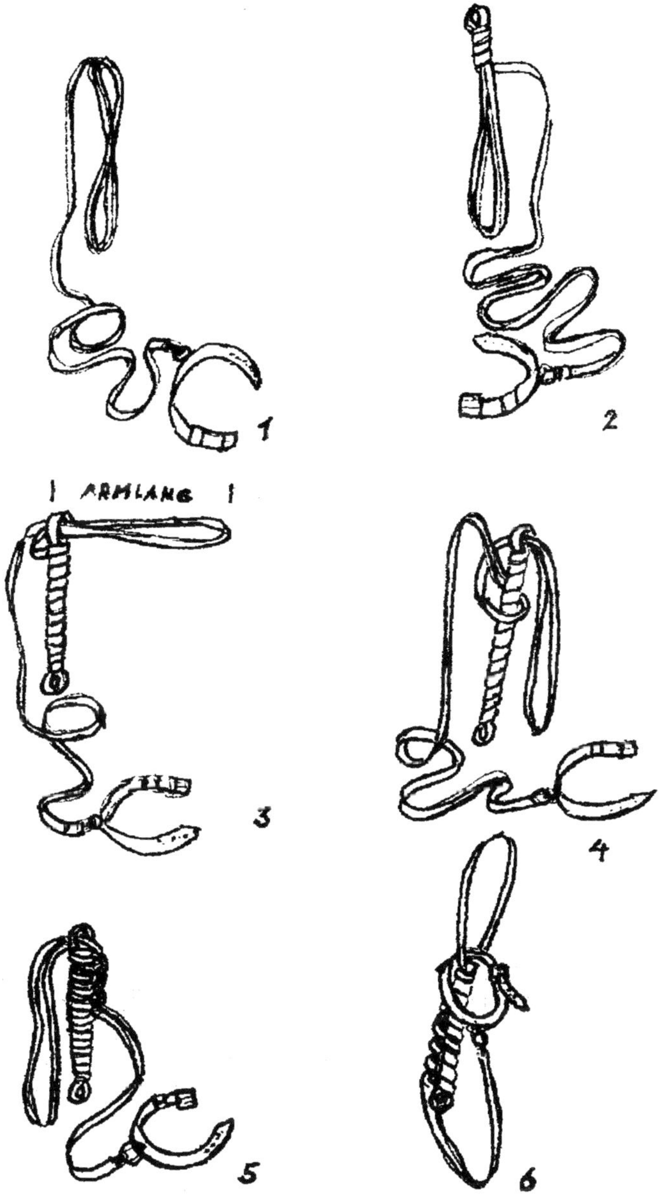

Das Gebiß des Hundes

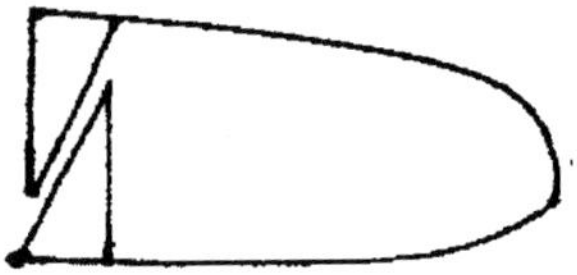

Scherengebiß

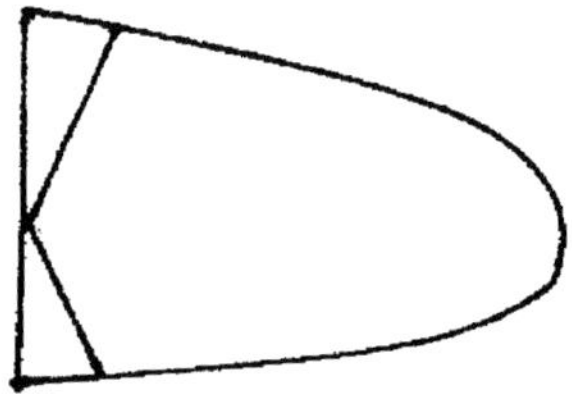

Zangengebiß

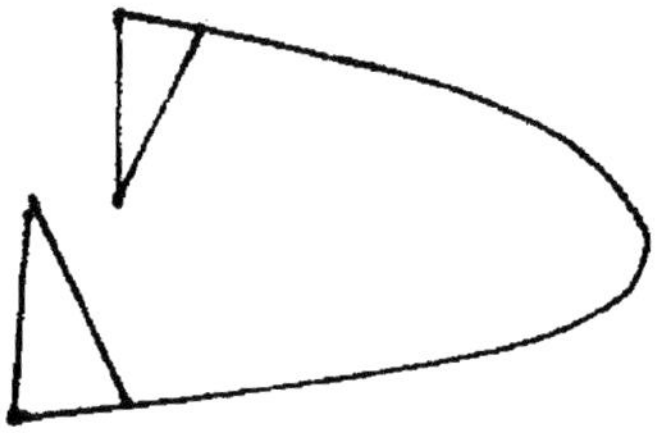

Vorbeißer

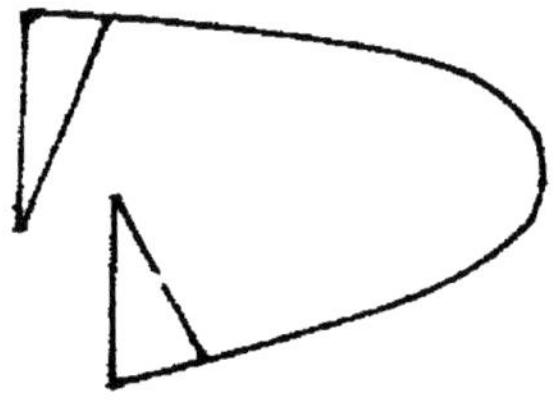

Rückbeißer

Der Körperbau des Hundes

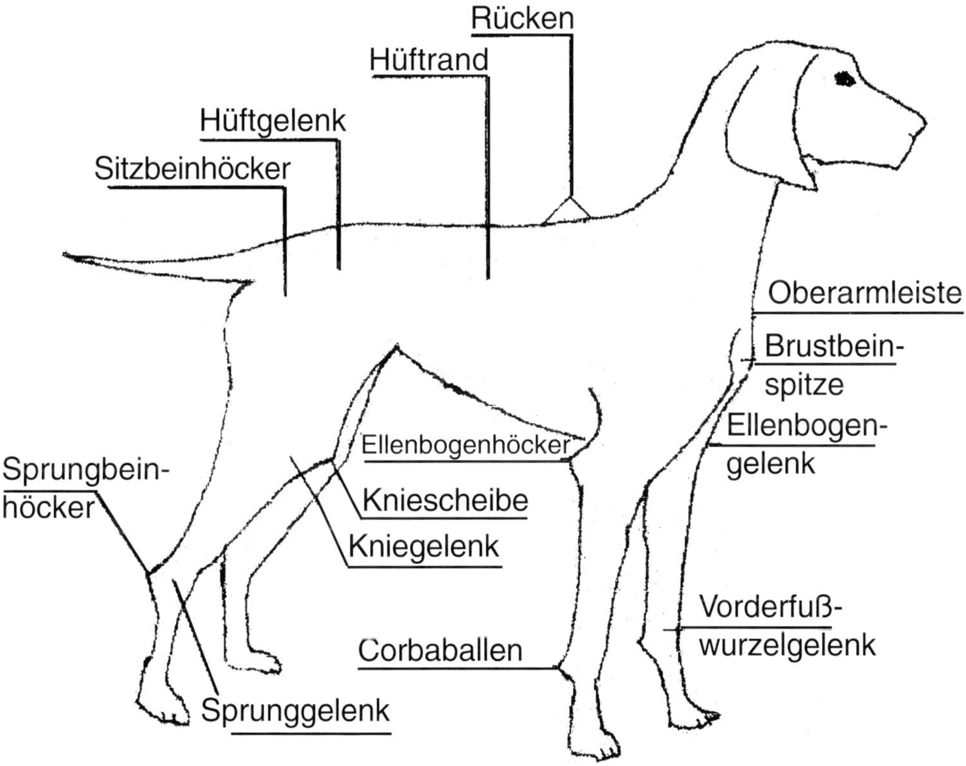

Geflügelte schlaue Sprüche

Jeder Mensch hat seinen Tick! Ich habe den Hundetick.

Kann ich nicht. „Stell die Kanne zur Seite und pack an!“ Dann kannst du es.

Man muß mal was verkehrt machen dürfen. Man kann es ja wieder gutmachen.

Es gibt drei Dinge:
1. Vorurteile,
2. Mißverständnisse,
3. Irrtümer.

Wenn diese Dinge aufgeklärt sind, bleibt nicht mehr viel übrig, was stört.

Ohne Fleiß kein Preis!

Wie der Herr, so´s Gescherr!

Die letzten Taschen auf Erden sind leer.

Geld macht nicht glücklich, aber es beruhigt so sehr.

Du lernst solange, bis Deine Finger gleich lang sind.

Ohne Moos nichts los, und wat nix kost, ist auch nix wert.

Pünktlichkeit ist die Höflichkeit der Könige!

Ohne Pünklichkeit läßt sich nun ein natürliches Zusammenleben nicht ordentlich vereinbaren. Die Uhrzeit nach vorn läßt sich einkalkulieren und ist eine reine Organisationsfrage. Verlorene Zeit läßt sich nicht wieder aufholen. Zu spät zu kommen, ist eine Mißachtung des Partners und nicht zu entschuldigen. Fünf Minuten vor der Zeit ist des Partners Höflichkeit.

Worüber man lacht

Wie schreibt man es ?

Wilhelm hat mal wieder seine liebe Not mit den Schulaufgaben: „Papa, wie schreibt man eigentlich 'Gewehr', mit 'e' oder mit 'ä'?" „Weißt du 's wirklich nicht ?"
„Nein, keinen blassen Schimmer."
„Dann schreib doch einfach 'Flinte' mit 'V' wie 'Pfingsten'!"

Glück gehabt

Nach der Jagd legt Wilhelm stolz einen prächtigen Hasen auf den Küchentisch. „Donnerwetter", meint seine Frau Maria bewundernd, „da hast du aber Glück gehabt!" - „Kann man wohl sagen, wenn man bedenkt, daß ich auf einen Fasan gezielt habe."

Schneewehen

Bei einer ersten gemeinsamen Drückjagd dreier Jagdreviere bleibt ein Lastwagen im Schnee stecken. Zum Glück hält neben ihm ein Jeep mit vier Ausrichter-Organisatoren der Jagd. Gemeinsam ziehen die vier den LKW aus dem Schnee. „Ein schönes Stück Arbeit", stöhnt einer der Ausrichter, „was haben Sie denn geladen?"
Antwortet der LKW Fahrer: „20 Anstellschützen!"

Eigenartig,

daß Hunde ein so unerschütterliches Vertrauen zum Menschen haben?
„Nein, eigentlich nicht. Oder hast du schon mal gehört, daß einer einem Menschen Geld geliehen hat, oder daß man ihm einen Gebrauchtwagen verkauft hat?"

Verkauf (I)

„Sag mal, Wilhelm, hat Dein Hund Deine Schwiegermutter gebissen?"
„ Ja. Seitdem betritt sie unsere Wohnung nicht mehr."
„Oh, kannst Du mir das wertvolle Tier nicht verkaufen?"

Verkauf (II)

Frau Maria will ihren Hund verkaufen. „Was soll er denn kosten?" - "Ja, zehntausend DM." - „Und hast du ihn verkauft?" - „Ja." - „Dann zeig mal dein Bargeld!" - „Nein, Bargeld habe ich nicht bekommen; ich habe den Hund eingetauscht, gegen zwei Hühner à fünftausend DM."

Intelligenz (I)

Wilhelm soll seiner Frau etwas Streichfähiges mitbringen.
Was bringt er mit? Ein Messer!

Intelligenz (II)

Zwei Hundefreunde unterhalten sich: „Na mein Lieber, wie geht es mit deiner Hundeausbildung?“ - “Oh, wunderbar. Mein Bello kann inzwischen Zeitung lesen!“ – „Weiß ich schon; mein Fiffi hat‘s mir am Telefon erzählt.“

Problem gelöst

Wilhelm klagt sein Leiden, er habe eine unausstehliche Schwiegermutter. Sein Freund rät ihm: „Kaufe ihr einen schnellen ‘Golf GTI’, dann ist das Problem gelöst“. Vierzehn Tage später treffen sich die Freunde wieder, und die Schwiegermutter lebt noch. Der Freund rät ihm: „Kaufe ihr doch einen Porsche; der ist noch schneller.“ Aber nach vierzehn Tagen lebt die böse Schwiegermutter immer noch. Der Freund rät ihm: „Jetzt kauf ihr einen ‘Jaguar’!“ Nach acht Tagen treffen sich die Freunde wieder. „Na, du siehst so erlöst aus. Ist das Problem mit der Schwiegermutter gelöst?“ - “Ja, das Problem ist mit dem Jaguar gelöst.“ - “Ja, wie denn?“ - “Wie die Schwiegermutter die Garagentür öffnet: Ein Sprung, ein Prankenschlag - und ich habe jetzt meine Ruhe.“

Verkehrsreiche Straße

Wilhelm steht an einer viel befahrenen Straße und möchte hinüber. Seit einer Viertelstunde steht er nun da. Auto um Auto rast an ihm vorbei. Auf der anderen Straßenseite steht eine Frau. Wilhelm ruft: „Wie sind Sie hinübergekommen?“ -“Ja“, sagt die Frau, „ich bin hier geboren.“

De Wedde

Een groot Koophuus annonceert: „Wir haben alles, was Sie sich wünschen, von der Stricknadel bis zum Auto, vom Panzer bis zum Flugzeug, von der Kreuzfahrt bis zum Mondflug, also einfach alles! Testen Sie uns! Bei Nichteinhaltung unseres Versprechens erhalten Sie dreitausend DM!“

Wilhelm geiht dor an annern Dag hen und steiht dor herüm. Een Verköper kummt und fraagt:

„Was möchten Sie denn? Kann ich Ihnen helfen?“

„Ja“, seggt Wilhelm, „wat ik hebben will, dat hebbt Se doch nich.“ .

Se striet’t noch wat herüm; de Verköper lett den Geschäftsführer kamen, un de fraagt dann höflich:

„Was kann ich für Sie tun?“

„Ja“, seggt Wilhelm wedder.“ Wat ik hebben will, dat hebt ji ja doch nich.“ - “Doch“, seggt de Geschäftsführer, „wenn wir das nicht am Lager haben, bekommen Sie dreitausend DM.“

„Jo“, seggt Wilhelm, „“mien Perd kann schlecht kieken und bruukt eene Brille. Köönnt se mi de verkopen?“

De Geschäftsführer mott passen un seggt:

„Nein, die habe ich nicht am Lager; aber in Osnabrück ist eine Filiale von uns. Die haben bestimmt eine Pferdebrille.“

Wilhelm kasseert de dreedusend DM un fährt nah Ossenbrügge nah de Filiale." De Geschäftsführer röppt sienen Kollegen in Ossenbrügge an und seggt: „Da kommt ein Bauer und will eine Pferdebrille kaufen. Bitte sei so gut und fertige schnell eine Pferdebrille an und wette mit ihm über sechstausend DM, damit ich meine dreitausend DM wieder bekomme." Wilhelm kummt in dat groote Koophuus un steiht herum. De Geschäftsführer is ja informeert und fraagt freudig:
„Was kann ich für Sie tun?"
Wilhelm segt: „Wat ik hebben will, hebbt ji doch nich."
Aover de Geschäftsführer versekert üm: „Ich wette mit Ihnen um sechstausend DM, daß wir alles haben, was Sie sich wünschen."
„Jo", segt Wilhelm, „dann har ik geern een Paar Ringelsöckskes för mienen lüttken Kanarienvogel, de hev so bannig kolde Feute."
De Geschäftsführer mott sik schlaon gäven, un Wilhelm har siene Wedde wunnen.

Der Unterhemdzipfel

Wie jedes Jahr fuhren wir nun, das vierte Mal, nach Filsmos in den Hohentauern (Österreich).
Der Wirt kannte uns, wir kannten ihn. Ich bekam von ihm eine Angelkarte, um in den Gebirgsbächen zu angeln. Wie jedes Jahr zog ich in den Bergen meine Lederhose an. Leider hatte ich etwas zugenommen, und die Lederhose war eng geworden.
Als ich die dritte Forelle vom Haken nehmen will, rutsche ich die steile Böschung hinunter, unten macht die Lederhose „rrrrrrr". Ich denke mir nicht viel dabei.
Wie ich beim Wirt durch das Lokal zur Küche gehe, um die frischen Forellen abzugeben, lachen mich alle Gäste so fröhlich an.
Auf meinem Zimmer stellte ich dann fest, warum die Gäste so spaßig waren. Es hatte sich der Zipfel meines Unterhemdes selbständig gemacht und schaute als weißes Schwänzchen aus meiner Lederhose.
Ich hatte den Spott überwunden, und wir warteten auf unser Abendmahl; wir hatten ja für jeden eine Forelle gefangen. - Das Warten wurde zur Ewigkeit; ich faßte mir Mut und ging zur Küche, um nach den Forellen zu fragen.
Die Wirtin, Frau Meier, sagte ganz kleinlaut, der Herr Meier, also ihr Mann, habe so einen Appetit auf Forellen gehabt und alle aufgegessen.

In sehr großer Not

Ich wurde von einem sehr guten Bekannten zur Suchjagd nach Esterwegen im Hümmling eingeladen. Es herrschte eiskaltes Wetter, so um die minus 10°. Es passierte gleich im ersten Durchgang. Der Beständer (= Gastgeber) fragte noch: „Kannst du den Graben überspringen, oder sollen wir dir helfen?" Ich lehnte die Hilfe ab und sagte: „Geht man, ich komm schon." Ich nahm Anlauf und sprang an das andere Ufer. Jedoch das Erdreich dort hielt nicht stand, brach ab, und ich sauste in den tiefen Moorgraben. Das eiskalte Wasser schnürte mir die Kehle zu, und ich konnte nicht um Hilfe rufen. Meine Stiefel, Hose, Parker, Rucksack sogen sich voll Wasser, und ich wurde immer tiefer in das Moor gezogen. Das Wasser stand mir buchstäblich bis zum Hals, als ich meinen Hund bellen hörte. Es neigte sich ein Kopf über die Böschung, und jemand reichte mir die Hand. Sie hatten eine Kette gebildet, um auch nicht in den Graben gezogen zu werden. Hinter der Kette stand der Pastor Kruse und schlug das Kreuzzeichen. Noch heute erzählt er gerne, daß er mit dem Kreuzzeichen mich aus dem Graben gehoben hat. In der Jagdhütte mußte ich meine nassen Klamotten ausziehen. Per Telefon wurde Ersatzkleidung angefordert. In der Zwischenzeit saß ich eineinhalb Stunde splitternackt vor dem Kamin. Das einzige, was trocken geblieben war, war mein Hut, und den hielt ich krampfhaft-schamhaft vor mein Kleinteil.

Der Taucher vom Dienst

Ähnlich wie in der die vorherigen Geschichte war das Wetter kalt und eisig, und es wurde ein Freiwilliger gesucht, der den Umweg machte. Ich meldete mich. Kaum war ich um die Biegung, kam ein Bach, den ich überspringen mußte. Ich nahm Anlauf, kam ins Stolpern und flog der Länge nach mit dem Gewehr in den Bachlauf und machte unfreiwilig ein Tauchbad. Auch hier hatte ich die anderen zum Lachen angeregt. Schadenfreude ist eine echte Freude. Für mich war die Jagd für diesen Tag zu Ende.

Mein Robert schwitzt auch so schnell!

An einem Lehrgangsabend wurde das Thema „Nachsuche und Schweißarbeit“ besprochen. Meine Nichte aus Castop-Rauxel war zu Besuch gekommen und nahm, da ich die Lehrgangsstunde nicht verschieben konnte, an dieser Lehrgangsstunde teil. Zum Schluß fragte ich: „Wer ist bereit, für die nächsten praktischen Schweißarbeiten einen Eimer (= 10 Ltr.) Schweiß mitzubringen?“ Im Lehrgang wird vorausgesetzt, daß jeder weiß, was mit Schweiß (Rinderblut) gemeint ist. Zu Hause angekommen, fragte mich meine Nichte: „Onkel Karl-Heinz, mein Robert schwitzt ja auch so schnell und viel, aber ich wüßte nicht, wie ich ihm eine Tasse Schweiß abzapfen könnte!“

Adressen von Hundezüchtern

Welcher Hund mit Papieren soll es sein?

Deutscher Drahthaar

Rudi Anders	Kirchstr. 9	49577 Kettenkamp, aus F. u.L. Z.	
Tel.05436-1599	DD	v. d. Warte	HD frei Sg/Sg
Hans-Josef Richter	Schulstr. 3	49584 Fürstenau	
Tel. 05901/2514	DD	v. Hundebrink	

Deutsche Kurzhaar

Martin Lührmann	Hauptstr. 23	49586 Merzen	
Tel. 05466/361	DK	Yenni von der Tannenberg	HD frei Sg/Sg

Deutsch Langhaar

Rev. J. Göckemeyer	Gut Schwegerholt	4917 Ostercappeln	
Tel. 05473/1950	DL	v. Königsmoor	HD frei
R. Iborg	Gut Ostenwalde	49324 Melle	
Tel. 05422/8156	DL Zwinger Forst Ostenwalde		
Franz Lührmann	Im Mündrup 44	49124 GM-Hütte	
Tel. 05409/4695	DL v. Hülsebusch		HD frei

Deutsch Stichelhaar

Platz für eigene Eintragungen

Deutscher Wachtelhund

Französischer Vorstehhund

Ungarischer Vorstehhund

Griffon

Großer Münsterländer

Kleine Münsterländer

Kleine Münsterländer	Zwinger vom Buchenberg	
Züchter:Helmut Lammers,	49586 Merzen, Zum Rott 5	Tel. 05466/337

Pointer und Setter, Englisch-Gordon-Irisch

Cocker- und Springerspaniel

Labrador, Golden Retriver

Laika

Pudelpointer

Teckel (Dackel)

Udo Kleister	am Mittellandkanal 13	49565Bramsche
Tel.05461 65511	DTK Rauhaarteckel,	vom Käutzchenwald

Terrier

Jack Russel Terrier Club Deutschland e. V. (JRTCD) - Mitglied im VDH & JGHV

Info und Welpennachweis: Sabine Detzen, Tel. 07541/941086, Fax 07541/44629

Weimarer

Drahthaar Foxterrier

Schäferhunde

Sonstige Hunde

Adressen von Hundezüchtern ohne Papiere

Helge Koopmann	Tel. 05461/62961	49565 Bramsche	DD
Jürgen Reinermann	Tel. 05433/6184	49653 Wedel/Badbergen	DD

Adressen von Hundeausbildern

Peter Haunert, Belmerstr. 199 49084 Osnabrück
Tel. 0541/707106 Abrichter und Führer aller Hunderassen

Aktuelle Zuchtverbandsanschriften

Stand 1. Juli 1997

Affenpinscher
Pinscher-Schnauzer-Klub e.V.
(siehe Pinscher/Schnauzer)
Afghane
Deutscher Afghanen-Rassezuchtclub 1988 e.V.
Dominique Fietze, Tel. 02161/54427
Dahlfuhr 1, 41069 Mönchengladbach
Deutscher Windhundzucht- und
Rennverein e.V. (DWZRV)
(siehe Windhunde)
Airedale Terrier
Klub für Terrier e.V.
(siehe Terrier)
Akita Inu
Akita Club e.V.
Susanne Faust, Tel.: 05354/1791,
Westenfelder Straße 2, 38387 Söllingen
Deutscher Club für Nordische Hunde e.V.
(siehe Nordische Hunde)
Alaskan Mamute
Deutscher Club für Nordische Hunde e.V.
(siehe Nordische Hunde)
Alpenländische Dachsbracke
Verein Dachsbracke e.V.
Volker Schäfer, Tel.: 0631/710010 dienstl.
Johannisstraße 7, 67681 Sembach
American Staffordshire Terrier
1. American Staffordshire Terrier Club e.V.
Andrea Fliege, Tel.: 05222/797282
Detmolder Weg 1, 32107 Bad Salzufflen
Deutscher Club für Bulltierrier e.V.
(siehe Bullterrier)
Gesellschaft der BGullterrier-Freunde e.V.
(siehe Bullterrier)
American Water Spaniel
Jagdspaniel-Klub e.V.
(siehe Spaniel)
Amerikanischer Cocker
Cocker Club Deutschland e.V.
(siehe Cocker Spaniel)
Jagdspaniel-Klub e.V.
(siehe Spaniel)
Spaniel-Club Deutschland e.V.
(siehe Spaniel)
Appenzeller Sennenhund
Schweizer Sennenhund-Verein für Deutschland e.V.
(siehe Schweizer Sennenhunde)
Ariegeois
Verein für französische Laufhunde e.V.
(siehe Französische Laufhunde)
Australian Terrier
Klub für Terrier e.V.
(siehe Terrier)
Azawakh
Deutscher Windhundzucht- und
Rennverband e.V. (DWZRV)
(siehe Windhunde)
Barbet
Verein für Französische Vorstehhunde e.V.
(siehe Französische Vorstehhunde)
Barsoi
Deutscher Windhundzucht- und
Rennverband e.V. (DWZRV)
(siehe Windhunde)
Basenji
1. Basenji-Klub e.V.
Ursula Grewe, Tel.: 07031/800306
Watzmannstr. 84, 71067 Sindelfingen
Basset Artesien Normand
Verein für Französische Laufhunde e.V.
(siehe Französische Laufhunde)
Basset Griffon Vendeen
Club Basset Griffon Vendeen e.V.
Gabriele Ossé, Tel.: 02104/36194
Anne-Frank-Str. 3, 40699 Erkrath
Verein für Französische Laufhunde
(siehe Französische Laufhunde)
Basset Hound
Basset Hound Club von Deutschland e.V.
Monika Meyer, Tel.: 04101/71460,
Rubargen 8, 25494 Borstel-Hohenrade
Basset-Hound-Freunde Dt. e.V.
Strasche, Tel.: 02156/3205,
Am Krickerhof 17, 47877 Willich
Basset bleu de Gascogne
Verein für Französische Laufhunde e.V.
(siehe Französische Laufhunde)
Basset fauve de Bretagne
Verein für Französische Laufhunde e.V.
(siehe Französische Laufhunde)
Bayerische Gebirgsschweißhunde
Klub für Bayerische Gebirgsschweißhunde e.V.

Reinhard Scherr, Tel.: 06328/226
Schlossgasse 13/Forsthaus, 67471 Elmstein

Beagle
Beagle Club Deutschland e.V.
Anne Ellissen, Tel.: 040/7023784,
Im Neugrabener Dorf 80, 21147 Hamburg

Bearded Collie
Club für Britische Hütehunde e.V.
(siehe Britische Hütehunde)

Bedlington Terrier
Klub für Terrier e.V.
(siehe Terrier)

Belgische Schäferhunde
Belgische Schäferhunde Berlin e.V.
Irene Beck, Te.: 0951/290425,
Steinachstr. 4, 96135 Stegaurach

Deutscher Club
für Belgische Schäferhunde e.V.
Josef Schaller, Te.: 0751/43170,
Brunnenplatz 5, 88276 Ravensburg

Bergamasker
Klub für Ungarische Hirtenhunde e.V.
(siehe Ungarische Hirtenhunde)

Berger de Beauce
Club für Französische Hirtenhunde e.V.
(siehe Französische Hirtenhunde)

Berger de Picardie
Club für Französische Hirtenhunde e.V.
(siehe Französische Hirtenhunde)

Berger de Pyrenees Deutschland e.V.
Hans-Joachim Klar, Tel.: 02603/12068
Am Fahnenberg 6, 56130 Bad Ems

Club für Französische Hirtenhunde e.V.
(siehe Französische Hirtenhunde)

Berner Sennenhund
Dt. Club für Berner Sennenhunde e.V.
Britta Schnur, Tel.: 06106/14203,
Heusenstammer Str. 15, 63150 Heusenstamm

Schweizer Sennenhund-Verein
für Deutschland e.V.
(siehe Schweizer Sennenhunde)

Bernhardiner
Bernhardiner Club Deutschland e.V.
Irene Krienke, Te.: 08131/92928,
Ackerstraße 38, 85757 Karlsfeld

St. Bernhards-Klub e.V.
Werner Moser, Tel.: 09872/1823,
Müncherlbach 61, 91560 Heilsbronn

Bichon à poil frisée
Verband Dt. Kleinhundezüchter e.V.
(siehe Kleinhunde)

Billy
Verein für Französische Laufhunde e.V.
(siehe Französische Laufhunde)

Black and tan Toy Terrier
Klub für Terrier e.V.
(siehe Terrier)

Bloodhound
Saint Hubert Bloodhound-Club
von Deutschland e.V.
Siegfried Peter, Tel.: 030/8818585,
Mommsenstr. 70, 10629 Berlin

Bobtail
Club für Britische Hütehunde e.V.
(siehe Britische Hütehunde)
Deutscher Old English Sheepdog Club e.V.
Patricia Hubert, Te.: 05172/94102,
Triftweg 2, 31246 Lahstedt

Bologneser
Verband Dt. Kleinhundezüchter e.V.
(siehe Kleinhunde)

Bordeaux-Dogge
Club für Molosser e.V.
(siehe Molosser)

Border Collie
Club für Britische Hütehunde e.V.
(siehe Britische Hütehunde)

Border Terrier
Club für Terrier e.V.
(siehe Terrier)

Boston Terrier
1. Club für Boston-Terrier in Dt. e.V.
Milos Caban, Te.: 06357/1553,
Postfach 1518, 67269 Grünstadt

Klub für Terrier e.V.
(siehe Terrier)

Bouvier des Flandres
Bouvierfreunde e.V.
Gerd Eirund, Te.: 02452/66682 oder
02431/81909, Kranzes 4, 52525 Heinsberg

Deutscher Bouvier-Club von 1977 e.V.
Maria Goj, Te.: 02151/400782,
Annastraße 6, 47239 Duisburg

Boxer
Boxer-Klub e.V.
Tel.: 089/5467080
Veldener Str. 66, 81241 München

Internationaler Boxer-Club e.V.
Margret Goehrke, Te.: 0211/753236,
Kirchhofweg 14, 40591 Düsseldorf

Bracken
Deutscher Bracken-Club e.V.

Hartmut Roth, Tel.: 06771/2882,
Odinstr. 1, 56348 Bornich
Deutscher Brackenverein e.V.
Lutz Kienlin, Tel.: 07183/44004,
Sechselbergerstraße 13, 71566 Althütte
Deutscher Bracken-Club e.V.
Hartmut Roth, Tel.: 06771/2882,
Odinstr. 1, 56348 Bornich
Brandl Bracke
Deutscher Brackenverein e.V.
(siehe Bracken)
Braque Dupuy
Verein für Französische Vorstehhunde e.V.
(siehe Französische Vorstehhunde)
Braque d' Auvergne
Verein für Französische Vorstehhunde e.V.
(siehe Französische Vorstehhunde)
Braque de l' Ariege
Verein für Französische Vorstehhunde e.V.
(siehe Französische Vorstehhunde)
Braque du Bourbonnais
Verein für Französische Vorstehhunde e.V.
(siehe Französische Vorstehhunde)
Braque francais type Gascogne
Verein für Französische Vorstehhunde e.V.
(siehe Französische Vorstehhunde)
Braque francaise type Pyrenees
Verein für Französische Vorstehhunde e.V.
(siehe Französische Vorstehhunde)
Bretonische Vorstehhunde
Club für Bretonische Vorstehhunde e.V.
Gabriela Fährmann, Tel.: 040/6037106,
Foßsölen 5, 22359 Hamburg
Briard
Briard Club Deutschland e.V.
Vera Sandmann, Tel.: 02801/6966,
Georg-Bleibtreu-Str. 20, 46509 Xanten
Club für Französische Hirtenhunde e.V.
(siehe Französische Hirtenhunde)
Briquet Griffon Vendeen
Verein für Französische Laufhunde e.V.
(siehe Französische Laufhunde)
Britische Hütehunde
Club für Britische Hütehunde e.V.
Peter Zimmer, Tel.: 05207/8330,
Dopheide 53, 33758 Schloß Holte
Brüsseler Griffon
Verband Dt. Kleinhundezüchter e.V.
(siehe Kleinhunde)
Buhund
Deutscher Club für Nordische Hunde e.V.
(siehe Nordische Hunde)
Bullmastiff
Club für molosser e.V.
(siehe Molosser)
Bullterrier
Deutscher Club für Bullterrier e.V.
Christiane Rath, Tel.: 02331/302349,
Schlickmannstr.6, 58089 Hagen
Gesellschaft der Bullterrier-Freunde e.V.
Christa Jonschig, Tel.: 080/623895,
Sperberstr. 33, 83052 Bruckmühl
Bullterrier (Miniatur)
Deutscher Club für Bullterrier e.V.
(siehe Bullterrier)
Gesellschaft der Bullterrier-Freunde e.V.
(siehe Bullterrier)
Cairn Terrier
Club für Terrier e.V.
(siehe Terrier)
Cavalier King Charles Spaniel
Cavalier-King-Charlrs-Spaniel-Club
Deutschland e.V.
Annelore Pfeiffer, Tel.: 06047/1202,
Töpferstr. 26, 663674 Altenstadt
Internationaler Club für
Cavalier-King-Charles-Spaniel e.V.
Monika Schütz, Tel.: 09221/2479,
Am Schwimmbad 18, 95326 Kulmbach
Verband Dt. Kleinhundezüchter e.V.
(siehe Kleinhunde)
Chart Polski
Deutscher Windhundzucht- und
Rennverband e.V. (DWZRV)
(siehe Windhunde)
Chesapeake Bay Retriever
Deutscher Retriever Club e.V.
(siehe Retriever)
Chiens d' Artois
Verein für Französische Laufhunde e.V.
(siehe Französische Laufhunde)
Chihuahua
Chihuahua-Club e.V.
Johanna Billhardt, Tel.: 02592/1534
Seilandstr. 23, 59379 Selm i.W.
Chihuahua-Klub Deutschland e.V.
Heidi Gehring, Tel.: 07033/42125,
Hinter Lehen 4, 71120 Grafenau
Verband Dt. Kleinhundezüchter e.V.
(siehe Kleinhunde)
Chinesischer Schopfhund
Club für Exotische Rassehunde e.V.

(siehe Exotische Rassehunde)
Chow-Chow
Allgemeiner Chow-Chow-Club e.V.
Margret Huhle, Tel.: 06103/35394,
Leibnitzstraße 18, 63303 Dreieich
Chow-Chow-Club in Deutschland e.V.
Simone Heine, Tel.: 05722/1626,
Petzer Straße 18, 31675 Bückeburg
Cirneco dell'Etna
Podenco und Cirneco Club Deutschland e.V.
(siehe Podenco Ibicenco)
Clumber Spaniel
Jagdspaniel-Klub e.V.
(siehe Spaniel)
Spaniel-Club Deutschland e.V.
(siehe Spaniel)
Cocker Spaniel
Cocker Club Deutschland e.V.
Erika Spoo, Tel.: 04403/4866,
Birkenfelder Str. 8, 26160 Bad Zwischenahn
Jagdspaniel-Klub e.V.
(siehe Spaniel)
Spaniel-Club Deutschland e.V.
(siehe Spaniel)
Verein Jagdgebrauchsspaniel e.V.
(siehe Spaniel)
Collie
Club für Britische Hütehunde e.V.
(siehe Britische Hütehunde)
Deutscher Collie Club e.V.
Elke Thier, Tel.: 06246/7602,
In den 13 Morgen 12, 67580 Hamm
Coton de Tuléar
Coton de Tuléar Club e.V.
Dr. Sigrid-Rosemarie Bähring-Kuhlmey,
Tel.: 09561/15588,
Am Hasenstein 8 d, 96450 Coburg
Coton de Tuléar-Verein e.V.
Renate Schindler, Tel.: 04421/501297,
Leuchtturmstr. 29, 26388 Wilhelmshaven
Curly-Coated-Retriever
Deutscher Retriever Club e.V.
(siehe Retriever)
Dalmatiner
Club für Dalmatiner-Freunde e.V.
Uta Stolper, Tel.: 0281/530479,
Am Langen Reck 45, 46485 Wesel
Dalmatiner Verein Deutschland e.V.
Marina Mannshardt, Tel.: 04191/5666,
Am Hasenberg 1, 24568 Nützen
Deutscher Dalmatiner Club von 1920 e.V.
Sigrid Ronneburg, Te.: 07144/6346,
Poppenweiler Str. 16, 71672 Marbach
Dandie Dinmont Terrier
Klub für Terrier e.V.
(siehe Terrier)
Deerhound
Deutscher Windhundzucht- und
Rennverband e.V. (DWZRV)
(siehe Windhunde)
Deutsch Drahthaar
Verein Deutsch Drahthaar e.V.
Georg Greller, Tel.: 0911/756333,
Siegelsdorfer S5tr. 22, 90587 Veitsbronn
Deutsch Kurzhaar
Deutsch-Kurzhaar Verband e.V.
Claus Kiefer, Tel.: 06232/82002,
Germersheimer Str. 148, 67352 Römerberg
Deutsch Langhaar
Deutsch-Langhaar-Verband
Gerwin Günter, Tel.: 06667/339,
Forsthaus Schmidtmühle,
36396 Steinau-Ürzell
Deutsch Stichelhaar
Verein Deutsch Stichelhaar e.V.
Claas Rector, Tel.: 04933/323,
Enno.Hektor-Str. 12, 26553 Dornum
Deutsche Bracke
Deutscher Bracken-Club e.V.
(siehe Bracken)
Deutsche Dogge
Deutscher Doggen-Club 1888 e.V.
Siegfried Goldschmitt, Tel.: 05906/1230,
Ringstr. 2, 48480 Lünne
Kynologische Gesellschaft für
Deutsche Doggen e.V.
Silke Hasler, Tel.: 02871/222444,
Bettingsbusch 1, 46299 Bocholt
Deutsche Spitze
Verein für Deutsche Spitze e.V. gegr. 1899
Gerda Kastl, Tel.: 0911/6383837,
Karl-Kasper-Str. 15, 90453 Nürnberg
Deutscher Jagdterrier
Deutscher Jagdterrier-Club e.V.
Dieter Schieler, Tel.: 033207/32448,
Triftstr. 12, 14550 Groß Kreuz
Deutscher Schäferhund
Verein für Deutsche Schäferhunde (SV) e.V.
Geschäftsstelle, Tel.: 0821/74002-0,
Steinerne Furt 71-71a, 86167 Ausburg
Deutsche Wachtelhunde
Verein für Deutsche Wachtelhunde e.V.

Heinrich Hecker, Tel.: 06068/2055,
Brunnenstr. 8, 64759 Sensbachtal

Dobermann
Dobermann-Verein e.V.
Geschäftsstelle, Tel.: 089/1234224,
Thorwalsenstr. 29, 80335 München

Dogo Argentino
Deutscher Dogo-Argentino-Club 1976 e.V.
Kurt Lindlar, Tel.: 02202/34389,
Johannesstr. 21, 51465 Bergisch-Gladbach

Englische Bulldog
Allgemeiner Club für
Englische Bulldogs e.V.
Gerhard Klan, Tel.: 06396/480,
Bahnhofstr. 33, 66999 Hinterweidenthal

English Setter
English Setter Club Deutschland e.V.
Anja Späth, Tel.: 0171/2851464,
Eschenweg 15, 93437 Furth im Wald
Verein für Pointer und Setter e.V.
(siehe Pointer und Setter)

English Springer Spaniel
Jagdspaniel-Klub e.V.
(siehe Spaniel)
Spaniel-Club Deutschland e.V.
(siehe Spaniel)
Verein Jagdgebrauchsspaniel e.V.
(siehe Spaniel)

English Toy Terrier
Klub für Terrier e.V.
(siehe Terrier)

Entlebucher Sennenhund
Schweizer Sennenhund-Verein
für Deutschland e.V.
(siehe Schweizer Sennenhunde)

Epagneul Breton
Club für Bretonische Vorstehhunde e.V.
(siehe Bretonische Vorstehhunde)

Epagneul Picard
Verein für Französische Vorstehhunde e.V.
(siehe Französische Vorstehhunde)

Epagneul Pont Audemer
Verein für Französische Vorstehhunde e.V.
(siehe Französische Vorstehhunde)

Epagneul bleu de Picardie
Verein für Französische Vorstehhunde e.V.
(siehe Französische Vorstehhunde)

Epagneul francais
Verein für Französische Vorstehhunde
(siehe Französische Vorstehhunde)

Eurasier
Eurasier-Klub e.V.
Annelie Fedder, Tel.: 02832/80459,
Bleicksweg 6, 47627 Kleveiner
Kynilogische Zuchtgemeinschaft
Eurasier e.V.
Ingried Böhringer, Tel.: 0212/330586,
Merscheider Str. 252, 42699 Solingen
Zuchtgemeinschaft Eurasier e.V.
Christa Stuhr, Tel.: 040/7201607,
Waldkamp 5, 21039 Börnsen

Exotische Rassehunde
Club für Exotische Rassehunde e.V.
Carola Breudel, Tel.: 05190/254,
Töpingen2, 29633 Munster

Field Spaniel
Jagdspaniel-Klub e.V.
(siehe Spaniel)
Spaniel-Club Deutschland e.V.
(siehe Spaniel)

Fila Brasileiro
Club der Freunde des Fila Brasleiro e.V.
Hildegard Müller, Tel.: 09175/225,
Obeltshauser Str. 3, 91174 Spalt

Club für Molosser e.V.
(siehe Molosser)

Finnenspitz
Deutscher Club für Nordische Hunde e.V.
(siehe Nordische Hunde)

Flad-Coated-Retriever
Deutscher Retriever Club e.V.
(siehe Retriever)

Foxterrier
Deutscher Foxterrier-Verband e.V.
Axel Möhrke, Tel.: 0231/65812,
Dorneystr. 65-67, 44149 Dortmund

Französische Bulldogge
Internationaler Klub für Französische
Bulldoggen e.V.
B. Pallasky, Tel.: 06172/304244
Victor-Achard-Str. 7, 61350 Bad Homburg

Französische Hirtenhunde
Club für Französische Hirtenhunde e.V.
Ute Kördel, Tel.: 04406/1060,
Olengroden 4, 27804 Berne

Französische Laufhunde
Verein für Französische Laufhunde e.V.
Helgard Elser, Tel.: 0561/44470,
Theodor-Heuss-Str.7, 34277 Fuldabrück

Französische Vorstehhunde
Verein für Französische Vorstehhunde e.V.

Max O. Weindler, Tel.: 09643/3742,
Köstlerring 4, 91275 Auerbach

Galgo Espanol
Deutscher Windhundzucht- und Rennverein e.V. (DWZRV)
(siehe Windhunde)

Glen of Imaal Terrier
Klub für Terrier e.V.
(siehe Terrier)

Golden Retriever
Deutscher Retriever Club e.V.
(siehe Retriever)
Golden Retriever Club e.V.
Jürgen Rüter, Tel.: 0441/67486,
Dietrichsweg 68, 26127 Oldenburg

Gordon Setter
Gordon-Setter-Club Deutschland e.V.
Angelika Reiser, Tel.: ß2324/78897,
Feldstr.49, 45549 Sprockhövel
Verein für Pointer und Setter e.V.
(siehe Pointer und Setter)

Grand Basset Griffon Vendeen
Verein für Französische Laufhunde e.V.
(siehe Französische Laufhunde)

Club Basset Griffon Vendeen e.V.
(siehe Basset Griffon Vendeen)

Grand Griffon Vendeen
Verein für Französische Laufhunde e.V.
(siehe Französische Laufhunde)

Grand bleu de Gascogne
Verein für Französische Laufhunde e.V.
(siehe französische Laufhunde)

Greyhound
Deutscher Windhundzucht- und Rennverband e.V. (DWZRV)
(siehe Windhunde)

Griffon Bleu de Gascogne
Verein für Französische Laufhunde e.V.
(siehe Französische Laufhunde)

Griffon Korthals
Griffon-Club e.V.
Dr. Klaus-Ulrich Loß, Tel.: 02935/4844,
Dreikönigstr. 29, 59821 Arnsberg

Griffon a poil laineux
Verein für französische Vorstehhunde e.V.
(siehe Französische Vorstehhunde)

Griffon fauve de Bretagne
Verein für Französische Laufhunde e.V.
(siehe Französische Laufhunde)

Griffon nivernais
Verein für Französische Laufhunde e.V.
(siehe Französische Laufhunde)

Groenendael
Belgische Schäferhunde Berlin e.V.
(siehe Belgische Schäferhunde)
Deutscher Club für Belgische Schäferhunde e.V.
(siehe Belgische Schäferhunde)

Großer Münsterländer
Verband Großer Münsterländer e.V.
Sigurd Käser,
Neufelser Str. 40, 74676 Niedernhall

Großer Schweizer Sennenhund
Schweizer Sennenhund-Verein für Deutschland e.V.
(siehe Schweizer Sennenhunde)

Großspitz
(Verein für Deutsche Spitze e.V. gegr. 1899
(siehe Deutsche Spitze)

Grönlandhund
Deutscher Club für Nordische Hunde e.V.
(siehe Nordische Hunde)

Hannoverscher Schweisshund
Verein Hirschmann (Hannoversche Schweisshunde) e.V.
Udo Peters, Tel.: 05148/247,
Forsthaus Lüsche, 29367 Steinhorst

Havaneser
Verband Dt. Kleinhundezüchter e.V.
(siehe Kleinhunde)

Hokkaido-Ken
Deutscher Club für Nordische Hunde e.V.
(siehe Nordische Hunde)

Hovawart
Rassezuchtverein für Hovawart Hunde e.V.
Christa Hanschmann, Tel.: 07044/920377,
Johannes-Benz-Str. 20, 75466 Wiernsheim
ovawart-Club e.V.
Peter Friedrich, Tel.: 069/856585,
Wilhelmstr. 57 a, 63071 Offenbach
Hovawart-Zuchtgemeinschaft e.V.
Sigrun Kühn, Tel.: 030/3732153,
Am Hüllepfuhl 59, 13589 Berlin

Irish Setter
Irish-Setter-Club Deutschland e.V.
Petra Kleine, Tel.: 02358/347,
Berg 1, 58540 Meinerzhagen
Verein für Pointer und Setter e.V.
(siehe Pointer und Setter)

Irish Terrier
Klub für Terrier e.V.
(siehe Terrier)

Irish Water Spaniel
Jagdspaniel-Klub e.V.
(siehe Spaniel)
Spaniel-Club Deutschland e.V.
(siehe Spaniel)
Irish Wolfhound
Deutscher Windhund6zucht- und
Rennverband e.V. (DWZRV)
(siehe Windhunde)
Island Hund
Deutscher Club für Nordische Hunde e.V.
(siehe Nordische Hunde)
Italienisches Windspiel
Deutscher Windhundzucht- und
Rennverband (DWZRV)
(siehe Windhunde)
Jack Russel Terrier
Jack Russel Terrier Club Dt. e.V.
Joachim Kieninger, Tel.: 07363/919083,
Goethestr. 4, 73463 Westhausen
Jaemthund
Deutscher Club für Nordische Hunde e.V.
(siehe Nordische Hunde)
Japan Chin
Int. Club für Japan-Chin, Peking-Palasthunde
und King-Charles-Spaniel e.V.
Irma Otto, Tel.: 07121/23871,
Nelkenstr. 63, 72764 Reutlingen
Japan Spitz
Verein für Deutsche Spitze e.V. gegr. 1899
(siehe Deutsche Spitze)
Jugoslawische Hirtenhunde
Jugoslawischer Hirtenhunde.Klub e.V. 1976
Ilona Hambitzer, Tel.: 0228/465552,
Rheinausstr. 158, 53225 Bonn

Karelischer Bärenhund
Deutscher Club für Nordische Hunde e.V.
(siehe Nordische Hunde)
Kaukasischer Owtscharka
Kaukasischer Owtscharka-Club e.V.
Silvia Koloff, Tel.: 05146/4691,
Heinenweg 7, 29305 Winsen OT Thören
Kerry Blue Terrier
Klub für Terrier e.V.
(siehe Terrier)
King Charles Spaniel
Intern. Club für Japan-Chin, Peking-Palast-
hunde
und King Charles Spaniel 1920 e.V.
(siehe Japan Chin)

Kleine Münsterländer
Verband für Kleine Münsterkänder
Vorstehhunde e.V.
Christa Förster, Tel.: 0571/30254,
Bachstr. 56, 32423 Minden
Kleinhunde
Verband Dt. Kleinhundezüchter e.V.
Sabine Stadler, Tel.: 08232/78864,
86836 Untermeitingen
Kleinspitz
Verein für Deutsche Spitze e.V. gegr. 1899
(siehe Deutsche Spitze)
Komondor
Klub für Ungarische Hirtenhunde e.V.
(siehe Ungarische Hirtenhunde)
Kraski Ovcar
Jugoslawischer Hirtenhunde-Klub der
Bundesrepublik Deutschland e.V. 1976
(siehe Jugoslawische Hirtenhunde)
Kroatischer Schäferhund
(Hrvatski ovcarski pas)
Jugoslawischer Hirten-Klub der BRD e.V.
(siehe Jugoslawische Hirtenhunde)
Kromfohrländer
RZV der Kromfohrländer e.V.
Jutta Nohse, Tel.: 04434/1310,
Spadau 1 d, 27243 Winkelsett
Kuvasz
Klub für Ungarische Hirtenhunde e.V.
(Siehe Ungarische Hirtenhunde)
Kuvasz Freunde e.V.
Helga Jansen, Tel.: 02305/77347,
Dünneband 35, 44579 Castrop-Rauxel
Kuvasz-Vereinigung e.V.
Petra Hüber, Tel.: 07175/1620,
Am Mühlbach 17, 73575 Leinzell
Labrador Retriever
Deutscher Retriever Club e.V.
(siehe Retriever)
Labrador Club Deutschland e.V.
Karin Willkomm, Tel.: 02131/569100,
Auf der Heide 1, 41462 Neuss
Laika
Deutscher Club für Nordische Hunde e.V.
(siehe Nordische Hunde)
Lakeland Terrier
Klub für Terrier e.V.
(siehe Terrier)
Lakenois
Deutscher Club für Belgische
Schäferhunde e.V.

(siehe Belgische Schäferhunde)
Landseer
Deutscher Landseer Club (DLC) e.V.
Christa Matenaar, Tel. 02223/21712,
An der Perlenhardt 1e, 53639 Königswinter
Verein von Landseerfreunden - u. Züchtern in Deutschland e.V.
Hartmut Grigoleit, Tel.: 089/9032131,
Poinger Str. 30a, 85551 Kirchheim
Lapinkoira
Deutscher Club für Nordische Hunde e.V.
(siehe Nordische Hunde)
Leonberger
Deutscher Club für Leonberger Hunde e.V.
Wilma Beutelspacher, Tel.: 07152/28000,
Lenauweg 3, 71229 Leonberg
Lhasa Apso
Internationaler Club für Lhasa Apso und Tibet Terrier e.V.
(siehe Tibetanische Rassen)
Internationaler Klub für Tibetische Hunderassen e.V.
(siehe Tibetische Rassen)
Spezialclub für Tibet Terrier und Lhasa Apso e.V.
(siehe Tibetische Rassen)
Lundehund
Deutscher Hund dür Nordische Hunde e.V.
(siehe Nordische Hunde)
Löwchen
Löwchen-Club Deutschland e.V.
Felizitas Dylla, Tel.: 06457/210,
Lohweg 6, 35117 Münchhausen
Verband Dt. Kleinhundezüchter e.V.
(siehe Kleinhunde)
Magyar Agar
Deutscher Windhundzucht- und Rennverband e.V. (DZWRV)
(siehe Windhunde)
Magyar Visla
Verein für Ungarische Vorstehhunde e.V.
(siehe Ungarische Vorstehhunde)
Malinois
Deutscher Club für Belgische Schäferhunde e.V.
(siehe Belgische Schäferhunde)
Deutscher Malimois Club e.V.
Richard Wagner, Tel.: 05732/8862,
Im Schling 33, 32584 Löhne
Malteser
Deutscher Malteser Club e.V.
Dr. Sigrid-Rosemarie Bähring-Kuhlmey,
Tel.: 09561/15588, Am Hasenstein 8d,
96450 Coburg
Malteser Club Deutschland 1983 e.V.
Johanna Billhardt, Tel.: 02592/1534,
Seilandstr. 23, 59379 Selm i.W.
Verband Dt. Kleinhundezüchter e.V.
(siehe Kleinhunde)
Manchester Terrier
Klub für Terrier e. V.
(siehe Terrier)
Mastiff
Club für Molooser e.V.
(siehe Molosser)
The Old English Mastiff Club Deutschland e.V.
Ingrid Rau, Tel.: 06806/13237,
Gansfeld 9, 66265 Hausweiler
Mastin Espagnol
Club für Molosser e.V.
(siehe Molosser)
Mastino Napoletano
Club für Malosser e.V.
(siehe Molosser)
Mittelspitz
Verein für Deutsche Spitze e.V. gegr. 1899
(siehe Deutsche Spitze)
Molosser
Club für Molosser e.V.
Wera Paulmann c/o Autohaus Wiest,
Tel.: 06151/864272, Postfach 100261,
64202 Darmstadt
Mops
Deutscher Mopsclub e.V.
Inge Weßling, Tel.: 02268/1494 ab 18 Uhr,
Grundermühle 7, 51515 Kürten
Verband Dt. Kleinhundezüchter e.V.
(siehe Kleinhunde)
Mudi
Club für Ungarische Hirtenhunde e.V.
(siehe Ungarische Hirtenhunde)
Neufundländer
Deutscher Neufundländer-Klub e.V.
Inge Brüning, Tel.: 02369/24575
Verein von Neufundländer-Freunden- u. Züchtern in Deutschland e.V.
Günter Ipsen, Tel.: 04351/712396,
Rendsburger Str. 21, 24340 Eckernförde
Nordische Hunde
Deutscher Club für Nordische Hunde e.V.
Wilhelm Schulte, Tel.: 04952/6524,

Am Flinthörn 20, 26842 Ostrhauderfehn
Norfolk Terrier
Klub für Terrier e.V.
(siehe Terrier)
Norrbottenspets
Deutscher Club für Nordische Hunde e.V.
(siehe Nordische Hunde)
Norwegischer Elchhund
Deutscher Club für Nordische Hunde e.V.
(siehe Nordische Hunde)
Norwich Terrier
Klub für Terrier e.V.
(siehe Terrier)
Novi Scotia Duck Tolling Retriever
Deutscher Retriever Club e.V.
(siehe Retriever)
Österreichischer Kurzhaar Pinscher
Pinscher-Schnauzer-Klub e.V.
(siehe Pinscher/Schnauzer)
Ogar polski
Allgemeiner Klub für Polnische Hunderassen e.V.
(siehe Polnische Hunderassen)
Owczarek Podhalanski
Allgemeiner Klub für Polnische Hunderassen e.V.
(siehe Polnische Hunderassen)
Papillon/Phalene
Papillon & Phalene-Club Deutschland e.V.
Johanna Billhardt, Tel.: 02592/1534,
Seilandstr. 23, 59379 Selm i.W.
Verband Dt. Kleinhundezüchter e.V.
(siehe Kleinhunde)
Parson Jack Russel Terrier
Klub für Terrier e.V.
(siehe Terrier)
Jack Russel Terrier
Club Deutschland e.V.
Dieter Wülfing, Tel.: 02052/961315,
Wallmichratherstr. 25, 42555 Velbert
Pekingese
1. Deutscher Pekingesen-Club von 1987 e.V.
Ingrid Carstens, Tel.: 040/682888,
Intern. Club f. Japan-Chin, Peking-Palasthunde und King-Charles-Spaniel 1920 e.V.
(siehe Japan Chin)
Perro sin Pelo del Peru
siehe Exotische Rassehunde)
Petit Basset Griffon Vendeen
Club Basset Griffon Vendeen e.V.
(siehe Basset Griffon Vendeen)
Verein für Französische Laufhunde e.V.
(siehe Französische Laufhunde)
Petit Gascon Saintongeois
Verein für Französische Laufhunde e.V.
(siehe Französische Laufhunde)
Petit bleu de Gascogne
Verein für Französische Laufhunde e.V.
(siehe Französische Laufhunde)
Pharao Hund
Deutscher Windhundzucht- und Rennverband e.V. (DWZRV)
(siehe Windhunde)
Pinscher
Pinscher-Schnauzer-Klub e.V.
(siehe Pinscher-Schnauzer)
Pinscher/Schnauzer
Pinscher-Schnauzer-Klub e.V.
Tel.: 02191/54042,
Barmer Str. 80, 42899 Remscheid
Podenco Ibicenco
Podenco und Cirneco Club e.V.
Sabine Sauerer, Tel.: 04122/82865,
Wedeler Chausee 34, 25492 Heist
Pointer
Deutscher Pointer Club e.V.
Franz Locher, Tel.: 06441/62352,
Ostpreußenstr. 35, 35633 Lahnau
Verein für Pointer und Setter e.V.
(siehe Pointer und Setter)
Pointer und Setter
Verein für Pointer und Setter e.V.
Gisela v. Wrangell, Tel.: 07363/5115,
Gut Schönberg, 73466 Lauchheim
Polnische Hunderassen
Allg. Klub für Polnische Hunderassen e.V.
Kerstin Thiele, Tel.: 03385/501177,
Gebhardtsiedlung 40, 14712 Rathenow
Polski Owszarek Nizinny
Allgemeiner Klub für Polnische Hunderassen e.V.
(siehe Polnische Hunderassen)
PON Club e.V. (Zuchtgemeinschaft f. Polski Owszarek nizinny)
Rita Wopp, Tel.: 0211/231330,
Josef-Neuberger-Str. 42, 40625 Düsseldorf
Porcelaine
Verein für Französische Laufhunde e.V.
(siehe französische Laufhunde)
Pudel
Allgemeiner Deutscher Pudelclub (ADP) e.V.
Warna Vogel, Tel.: 0911/484143,

Paumannstr. 2, 90469 Nürnberg
Deutscher Pudel-Klub e.V.
Geschäftsstelle, Tel.: 0491/64837 u. 64863,
Am Dock 1, 26789 Leer
Pudel-Zucht-Verband 82 e.V.
Sigird Kalina, Tel.: 02743/2009,
Alter Weg 3, 57520 Niederdreisbach
Verband der Pudelfreunde, Deutschland e.V.
Adelheid Hilberoth, Tel.: 04104/2095,
Postfach 144, 21521 Wohltorf
Pudelpointer
Verein Pudelpointer e.V.
Heidi Braß, Tel.: 0201/491349
Ruhrtalstraße 94g, 45239 Essen
Puli
Klub für Ungarische Hirtenhunde e.V.
(siehe Ungarische Hirtenhunde)
Deutscher Puli Klub e.V.
Gerda Händschke, Tel.: 06254/7234,
Am Kochengraben 39, 64684 Lautertal
Pumi
Klub für Ungarische Hirtenhunde e.V.
(siehe Ungarische Hirtenhunde)
Pyrenäen Berghund
Klub für Ungarische Hirtenhunde e.V.
(siehe Ungarische Hirtenhunde)
Pyrenäen Schäferhund
Club Berger des Pyrénées 1983 e.V.
Claudia Müller, Tel.: 02826/7474,
Gocher Straße 37, 47599 Kranenburg-F.
Berger des Pyrenees Deutschland e.V.
H.-J. Klar, Tel.: 0208/760639,
Striepensweg 95, 45473 Mühlheim/R.
Retriever
Deutscher Retriever Club e.V.
Margitta Becker, Tel.: 05665/1734,
Dörnhagener Str.13, 34302 Cuxhagen
Rhodesian Ridgeback
RhodesianRidgeback Club Deutschland e.V.
Hans-Otto Bietz, Tel.: 06258/81397,
Romillystr. 37, 64584 Biebesheim
Löwenhund Deutschland-
Rhodesian Ridgeback e.V.
Erika Zaepke, Tel.: 05135/712,
Lönseck 9. 30938 Burgwedel
Dt. Züchtergemeinschaft
Rhodesian Ridgeback e.V.
Anne Müller, Tel.: 04267/248,
Osterende 62, 27389 Helvesiek
Riesenschnauzer
Pinscher-Schnauzer-Klub e.V.
(siehe Pinscher/Schnauzer)
Rottweiler
Allgem. Deutscher Rottweiler-Klub
(ADRK) e.V. Tel.: 0571/504040,
Postfach 400222, 32400 Minden
Russischer schwarzer Terrier
Klub für Terrier e.V.
(siehe Terrier)
Saluki
Deutscher Windhundzucht- und
Rennverband (DWZRV) e.V.
(siehe Windhunde)
Samojede
Deutscher Club für Nordische Hunde e.V.
(siehe Nordische Hunde)
Sarplaninac
Jugoslawischer Hirtenhunde-Klub e.V.
Bundesrepublik Deutschland e.V. 1976
(siehe Jugoslawische Hirtenhunde)
Schipperke
Verband Dt. Kleinhundezüchter e.V.
(siehe Kleinhunde)
Schnauzer
Pinscher-Schnauzer-Klub e.V.
(siehe Pinscher/Schnauzer)
Schwarzwildbracken
Schwarzwildbrackenverein e.V.
Ernst Halberstadt, Tel.: 0291/57335,
Hubertusstr.2, 59872 Meschede
Schwedischer Lapphund
Deutscher Club für Nordische Hunde e.V.
(siehe Nordische Hunde)
Schweizer Laufhunde
Verein für Französische Laufhunde e.V.
(siehe Französische Laufhunde)
Schweizer Sennenhunde
Schweizer Sennenhund-Verein für
Deutschland e.V.
Christel Fechler, Tel. 02196/1386,
Döllersweger Hof 26, 42929 Wermelskirchen
Scittish Terrier
Klub für Terrier e.V.
(siehe Terrier)
Selyham Terrier
Klub für Terrier e.V.
(siehe Terrier)
Shar-Pei
1. Deutscher Shar-Pei-Club 1985 e.V.
Eva Kemper, Tel.: 06484/1234,
Neuer Weg 5, 65614 Beselich
Club für Exotische Rassehunde e.V.

(siehe Exotische Rassehunde)
Shetland Sheepdog (Sheltie)
Club für Britsche Hütehunde e.V.
(siehe Britische Hütehunde)
Deutscher Old English Sheepdog Club e.V.
Patricia Hubert, Tel.: 05172/37149
Shiba Inu
Deutscher Club für Nordische Hunde e.V.
(siehe Nordische Hunde)
Shih Tzu
Internationaler Shih Tzu Club e.V.
Karin Hoppe, Tel.: 02203/84445,
Auf dem Loor 14a, 51143 Köln
Verband Dt. Kleinhundezüchter e.V.
(siehe Kleinhunde)
Siberian Husky
Deutscher Club für Nordische Hunde e.V.
(siehe Nordische Hunde)
Siberian Husky Club Deutschland e.V.
Marita Kahl, Tel.: 05838/1349
Texas 6, 229393 Groß-Ösingen
Silky Terrier
Klub für Terrier e.V.
(siehe Terrier)
Skye Terrier
Klub für Terrier e.V.
(siehe Terrier)
Sloughi
Deutscher Sloughi-Club e.V.
Gisela Masurat-Walden, Tel.: 05281/10260,
Winterbergerstr. 91, 32825 Blomberg
Deutscher Windhundzucht- und
Rennverband e. V. (DWZRV)
(siehe Windhunde)
Slovensky Cuvac
Club Slovensky Cuvac e.V.
Michaela Schostag, Tel.: 0234/238642,
Von Waldthausenstr. 24, 44894 Bochum
Soft Coated Wheaten Terrier
Klub für Terrier e.V.
(siehe Terrier)
Spaniel
Jagdspaniel-Klub e.V.
Birgit Sauer, Tel.: 07148/922400,
Altenbergweg 10/1, 71546 Aspach
Spaniel-Club Deutschland, e.V.
Wiebke Laudi, Tel.: 06241/33998,
Baumwiesenweg 3, 67551 Worms
Verein Jagdgebrauchsspaniel e.V.
Edith Kübler, Tel.: 07161/38087,
Frühlingstr. 2, 73095 Albershausen
Staffordshire Bullterrier
Deutscher Club für Bullterrier e.V.
(siehe Bullterrier)
Gesellschaft der Bullterrier-Freunde e.V.
(siehe Bullterrier)
Steirische Rauhh. Hochgebirgsbracke
Deutscher Brackenverein e.V.
(siehe Bracken)
Sussex Spaniel
Jagdspaniel-Klub e.V.
(siehe Spaniel)
Spaniel-Club Deutschland e.V.
(siehe Spaniel)
Südrussischer Owtscharka
Kaukasischer Owtscharka-Club e.V.
(siehe Kaukasischer Owtscharka)
Teckel
Deutscher Teckelclub e.V.
Geschäftsstelle, Tel.: 0203/330005,
Postfach 100362, 47003 Duisburg
Terrier
Klub für Terrier e.V.
Tel. 06107/2365,
Schöne Aussicht 9, 65451 Kelsterbach
Tervueren
Belgische Schäferhunde Berlin e.V.
(siehe Belgische Schäferhunde)
Deutscher Club für Belgische Schäferhunde e.V.
(siehe Belgische Schäferhunde)
Thai Ridgeback
Club für Exotische Rassehunde e.V.
(siehe Exotische Rassehunde)
Tibet Dogge
Internationaler Klub für Tibetische
Hunderassen e.V.
(siehe Tibetische Rassen)
Tibet Spaniel
Internationaler Klub für Tibetische
Hunderassen e.V.
(siehe Tibetische Rassen)
Tibet Terrier
Internationaler Klub für Lhasa Apso und
Tibet Terrier e.V.
(siehe Tibetische Rassen
Internationaler Klub für Tibetische
Hunderassen e.V.
(siehe Tibetische Rassen)
Spezialclub für Tibet Terrier und
Lhasa Apso e.V.
(siehe Tibetische Rassen)

Tibetische Rassen
Int. Club für Lhasa Apso u. Tibet Terrier e.V.
Horst Fischbach, Tel.: 06257/868245,
Heidelbergerstr. 1, 64342 Seeheim
Internationaler Klub für Tibetische Hunderassen e.V.
Renate Koch, Tel.: 04331/62718,
Groten Grund 19, 24787 Fockbek
Spezialclub für Tibet Terrier und Lhasa Apso e.V.
Martha Laudenberg, Tel.: 02268/7153,
Kettenberg 1, 51515 Kürten
Tosa Inu
Club für Molosser e.V.
(siehe Molosser)
Tschechischer Terrier
Klub für Terrier e.V.
(siehe Terrier)
Ungarische Hirtenhunde
Klub für ungarische Hirtenhunde e.V.
Elfriede Ricklefs, Tel.: 0421/820674,
Intscheder Str. 48, 28277 Bremen
Ungarische Vorstehhunde
Verein für Ungarische Vorstehhunde e.V.
Gisela Kern, Tel.: 0821/482894,
Joh.-Brahms-Str. 1, 86356 Neusäß
Vaestgoetaspets
Deutscher Club für Nordische Hunde e.V.
(siehe Nordische Hunde)
Weimaraner
Weimaraner-Klub e.V.
Werner Haack, Tel.: 05832/1391,
OT Weddersehl 16, 29386 Dedelstorf
Welsh Corgi Cardigan
Club für Britsche Hütehunde e.V.
(siehe Britische Hütehunde)
Welsh Corgi Pembroke
Club für Britische Hütehunde e.V.
(siehe Britische Hütehunde)
Welsh Springer Spaniel
Jagdspaniel-Klub e.V.
(siehe Spaniel)
Spaniel-Club Deutschland e.V.
(siehe Spaniel)
Welsh Terrier
Klub für Terrier e.V.
(siehe Terrier)
West Highland White Terrier
Klub für Terrier e.V.
(siehe Terrier)
Westfälische Dachsbracke
Deutscher Bracken-Club e.V.
(siehe Bracken)
Whippet
Deutscher Windhundzucht-und Rennverband e.V. (DWZRV)
(siehe Windhunde)
Whippet Club Deutschland e.V.
Susanne Oschinski, Tel.: 06161/8446,
Schafhofweg 14, 64395 Brensbach
Windhunde
Deutscher Windhundzucht- und Rennverband e.V. (DWZRV)
Geschäftsstelle, Tel.: 05129/8919,
Grüne Straße 7, 31185 Söhlde
Wolfsspitz
Verein für Deutsche Spitze e.V.Gegr. 1899
(siehe Deutsche Spitze)
Xoloitzcuibtle
Club für Exotische Rassehunde e.V.
(siehe Exotische Rassehunde)
Yorkshire Terrier
1. Deutscher Yorkshire-Terrier-Club e.V.
Tel.+Fax: 06103/51426,
Lutherstr. 61, 63225 Langen
Club für Yorkshire-Terrier e.V.
Heide Alraun, Tel.: 05072/428,
Am Karpfenteich 11, 31535 Neustadt
Klub für Terrier e.V.
(siehe Terrier)
Zentralasiatischer (Mittelasiatischer) Owtscharka
Kaukasischer Owtscharka-Club e.V.
Zwergpinscher
Pinscher-Schnauzer-Club e.V.
(siehe Pinscher/Schnauzer)
Zwergschnauzer
Pinscher-Schnauzer-Club e.V.
(siehe Pinscher/Schnauzer)
Zwergspitz
Verein für Deutsche Spitze e.V.gegr. 1899
(siehe Deutsche Spitze)

Alle hier nicht genannten Rassen:
Verband für das Deutsche Hundewesen e.V. (VDH)
Hauptgeschäftsstelle: Westfalendamm 174, 44141 Dortmund, Tel.: 0231/56500-0, Fax: 0231/592440

Als VDH-Midgliedsvereine und Verbände beraten Sie darüber hinaus:
Deutscher Hundesportverband e.V.
Geschäftsstelle: Gustav-Sybrecht-Str. 42,
44536 Lünen, Tel.: 0231/87949

Jagdgebrauchshundeverband e.V.
Geschäftsstelle: Dr. Lutz Frank,
Neue Siedlung 6, 15938 Drahnsdorf,
Tel.: 035453/215

Bundesverband für das
Rettungshundewesen e.V.
Uwe Knaak, Te.: 02361/21584,
Holthofstr. 11, 45659 Recklinghausen

Welpenvermittlungsstellen der VDH-Landesverbände:
VDH-Landesverband Baden-Württemberg
Vera Köllmann, Tel.: 07062/8494,
Justinus-Kerner-Str. 14, 71717 Beilstein

VDH-Landesverband Bayern
Hans Wiblishauser, Tel.: 089/1234224,
Thorwaldsenstr. 29, 80335 München

VDH-Landesverband Berlin-Brandenburg
Rüdiger Kußerow, Tel.: 030/6261336,
Silbersteinstr. 73, 12051 Berlin

VDH-Landesverband Franken-Oberpfalz
Gerda Kastl, Tel.: 0911/6383837,
Karl-Kaspar-Str 15, 90453 Nürnberg

VDH-Landesverband Hessen
Horst Wendt, Tel.: 06643/1308,
Fulderbergstr. 8, 36358 Herbstein

VDH-Landesverband Niedersachsen
Jochen Rissmann, Tel.: 0511/323228,
Schmiedestr. 5, 30159 Hannover

VDH-Landesverband Nordrhein
Hubert Hünnies, Tel.: 02373/85065,
Friedhofstr. 11, 58710 Menden

VDH-Landesverband Nord
Christoph Stadelbauer, Tel.: 04340/1215,
Insp.-Weimar-Str. 16, 24239 Achterwehr

VDH-Landesverband Rheinland-Pfalz
Klaus May, Tel.: 06233/7962,
Beindersheimer Str. 100, 67208 Frankenthal

VDH-Landesverband Thüringen
Rainer Jacobs, Tel.: 0361/4222106,
Johannes-Keppler-Str. 11, 99097 Erfurt

VDH-Landesverband Saar
Hans-Erwin Neisens, Tel.: 06806/5606,
Uhlandstr. 2, 66265 Heusweiler

VDH-Landesverband Sachsen-Anhalt e.V.
Gerriet Rosenbohm, Tel.: 039208/2034,
Stendaler Str. 14, 39326 Loitsche

VDH-Landesverband Weser-Ems
Klaus Wibben, Tel.: 04925/8333,
Am Goldacker 1, 26759 Hinte

VDH-Landesverband Westfalen
Hanns Lücker, Tel.: 02331/51764,
Max-Planck-Str. 70, 58093 Hagen

Die Gebührenordnung für Tierärzte kann gegen eine Gebühr von 15,- DM bestellt werden bei:

Meidoc - Meydock
Menschen für Hunde
Fischerdorf-Dorfstr 2
19348 Retzin / Tel. 04173 6357

Notizen:

Literaturhinweise

1	DJV Handbuch Verlag Dieter Hoffmann, Mainz	Dipl.Forstwirt Martin Wiese
2	Raubtiere Afrika's Land-Verlag GmbH, Hannover	Horst Hage
3	Das Deutsche Waidwerk Verlag Paul Parey, Hamburg und Berlin	Ferdinand von Raesfeld
4	Hundeabrichtung Lizenzausgabe des Verlages J. Neumann-Neumann Melsungen	Granderath
5	Erste Hilfe für meinen Hund Albert Müller Verlag Rüschlikon-Zürich Stuttgart Wien	Müller Rüschlikon
6	Hunde in Farbe Süd-West Verlag München	Haward Loxton
7	Der brauchbare Jagdhund Landbuch-Verlag GmbH Hannover	Allice Groß
8	Die Prüfungsordnungen G. G. Druck Formularverlag für das Jagdgebrauchshundwesen Stöckheim/Braunschweig	VJP/HZP/VGP
9	Fragen aus der Prüfungspraxis JGBV Jagdgebrauchshund-verband e. V. G. G.Druck, sonst wie vor	
10	Jagdlexikon BLV Verlagsgesellschaft München Wien Zürich	Gerhard Seilmeier Karl-Ludwig Walz
11	In vier Tagen gehorcht ihr Hund auf's Wort Heinz Wolf Fachverlag Karlsruhe	Konz

12 Mein Haustier — Beck Rechtsberater im
Deutscher Taschenbuch Verlag dtv-
Verlag C: H: Beck München

13 Der waidgerechte Jäger — Deutsche Jägerschaft
4. Jun.1935, Verlag Paul Parey, Berlin

14 Vor der Jägerprüfung — H. Krebs
F.C. Meyer Verlag München-
Hamburg

15 Rehwild heute — Bruno Hespeler
BLV Verlagsgesellschaft mbH
MünchenWien Zürich

16 Das Rehwild — F. v. Raesfeld
Verlag Paul Parey Hamburg Berlin

17 Dietzels Niederwildjagd — Prof.Dr. D. Müller-Using
Verlag Paul Parey, Hamburg Berlin

18 Wild in Gehegen — Hans Hinrich M. Hatlapa und Dr.Heinrich III Prinz Reuß
Verlag Paul Parey
Hamburg Berlin

19 Hunde, unsere treuen Freunde — Barbara Wilms
Isis Verlag AG, Chur/Schweiz und
neue Stalling, Oldenburg

20 Tierschutz-Bundesgesetzblatt Teil I,
ausgegeben zu Bonn am 22. August 1986

21 Die Waffen-Sachkundeprüfung — Rolf Henning, S. 19 u. 94
BLV Verlag,München Wien Zürich

22 Schießvorschrift des Deutschen Jagdschutz-Verbandes e.V. Vereinigung der Deutschen Jagdverbände in der ab 1. September 1993 gültigen Fassung, 12 Allgemeine Sicherheitsbesimmungen.

23 Sowie einschlägige Fachzeitschriften: wie Wild und Hund, Jagdgebrauchshund, Niedersächsischer Jäger, Mitteilungen der Verbände wie Landesjägerschaft Niedersachsen - Seminare und Schulungen der Verbände, wie jagdkynologische Seminare in Springe, der Landesjägerschaft und Jagdgebrauchshundverband. Schweißhundführerlehrgänge und Vorträge im Jagdschloß Springe. Videos, aus Rundfunk-Fernsehen.

Stichwortverzeichnis

Schlußworte:

Liebe Hundefreundinnen und - Freunde, liebe Leserinnen und Leser!

Dieses Begleitbuch zum Hundeführerlehrgang erhebt keinen Anspruch auf Vollständigkeit und ist kein Ersatz für die guten praktischen Gruppen- Hunde-Führer-Lehrgänge. Es ist ein Hilfsmittel für die Erziehung des Hundes mit Spiel und Spaß.

Ich wünsche Ihrer ganzen Familie und Ihnen mit Ihrem Hund alles Gute, viel Freude, viel Spaß und viel Erfolg, für das ganze Leben.

Ihr Karl-Heinz Preuße

Notizen

Notizen

Notizen

Notizen

Notizen